Siegmund Klakl

DIE WILDERER VON DER SCHINDERLEIT'N

Jagdgeschichten zum Nachdenken und Schmunzeln

Mit Illustrationen von Walter Thorwartl

stv

Siegmund Klakl

DIE WILDERER VON DER SCHINDERLEIT'N

Jagdgeschichten zum Nachdenken und Schmunzeln

Mit Illustrationen von Walter Thorwartl

Leopold Stocker Verlag
Graz – Stuttgart

Titelgestaltung:
DSR Werbeagentur Rypka GmbH, 8143 Dobl/Graz, www.rypka.at
Titelbild: Aquarell von Walter Thorwartl

Skizzen im Innenteil:
Walter Thorwartl

Bibliografische Information der Deutschen Nationalbibliothek
Die Deutsche Nationalbibliothek verzeichnet diese Publikation in der Deutschen Nationalbibliografie; detaillierte bibliografische Daten sind im Internet unter http://dnb.d-nb.de abrufbar.

Hinweis:
Dieses Buch wurde auf chlorfrei gebleichtem Papier gedruckt. Die zum Schutz vor Verschmutzung verwendete Einschweißfolie ist aus Polyethylen chlor- und schwefelfrei hergestellt.
Diese umweltfreundliche Folie verhält sich grundwasserneutral, ist voll recyclingfähig und verbrennt in Müllverbrennungsanlagen völlig ungiftig.

Auf Wunsch senden wir Ihnen gerne kostenlos unser Verlagsverzeichnis zu:
Leopold Stocker Verlag GmbH
Hofgasse 5/Postfach 438
A-8011 Graz
Tel.: +43 (0)316/82 16 36
Fax: +43 (0)316/83 56 12
E-Mail: stocker-verlag@stocker-verlag.com
www.stocker-verlag.com

ISBN 978-3-7020-1821-4

Layout: DSR Werbeagentur Rypka GmbH, 8143 Dobl/Graz, www.rypka.at
Druck und Bindung: Christian Theiss GmbH, 9431 St. Stefan
Printed in AUSTRIA

Inhalt

Vorwort

Liebe Leserinnen und Leser!

Am Jägerstammtisch wird sehr oft ernsthaft und lange diskutiert, denn die Jagd ist ein weites Feld, und jeder hat sein eigenes Wissen und seine eigenen Erfahrungen. Manchmal geht es aber auch sehr lustig zu, und da kommt meist das Jägerlatein ins Spiel. Es handelt sich dabei aber nicht einfach um Lügengeschichten, wie die Nicht-Jäger wahrscheinlich vermuten, sondern es sind meist Jagderlebnisse mit einem wahren Kern, die der Erzähler mit seiner Fantasie mehr oder weniger „anreichert". Die Kunst des Jägerlateins besteht also darin, eine Geschichte, die nicht ganz wahr ist, so zu erzählen, dass sie wahr sein könnte! Ich kam als Wirt in einem kleinen Dorf in der Obersteiermark in den 1980er- und 90er-Jahren über 20 Jahre lang ständig in den Genuss, Stammtisch-Erzählungen zu lauschen. Hier wurden jagdliche Freundschaften geschlossen, Erfahrungen ausgetauscht und unzählige Erlebnisse erzählt. In meinen Geschichten nimmt dieser Tisch also eine zentrale Rolle ein. Einige Erzählungen sind wahr, ich habe sie selbst erlebt, einige haben einen wahren Kern und einige sind frei erfunden. Namen und Örtlichkeiten sind natürlich geändert, viele Figuren weilen auch längst nicht mehr unter den Lebenden.

Und noch etwas ist mir wichtig: Natürlich ist das Ziel einer Jagd letztlich das Beutemachen, beim Erzählen meiner Geschichten habe ich aber mehr Augenmerk auf das „Drumherum" gelegt. Denn nicht immer läuft alles nach Plan bei der Jagd, und über so manche „Nebensächlichkeit“ kann man getrost auch ein bisschen schmunzeln.

Übrigens, bei uns in der Obersteiermark reden die Leut’, wie ihnen der Schnabel gewachsen ist. Deshalb habe ich die Dialoge in den Geschichten oft in Mundart belassen und in „Lautschrift“ geschrieben. Da unser Dialekt ein uriger ist, der möglicherweise nicht von allen verstanden wird, sind als kleine Hilfestellung auf der folgenden Seite die „exotischsten“ Ausdrücke aufgelistet und „übersetzt“.

Viel Freude beim Lesen, Mitfiebern und Spekulieren darüber, welche meiner Jagdgeschichten selbst erlebt, nacherzählt oder erfunden sind!

Siegmund Klakl
Sommer 2019

Dialekt-Übersetzung

auffi – hinauf
Beil – Biene
Bindbam – Holzstange zum Niederbinden/Befestigen einer Fuhre Heu für den Heimtransport
dapocken – schaffen
deis – das, dieses
Eierschwammerln – Pfifferlinge
einbüd – eingebildet
einwassern – betrunken machen
fests Trumm – großes Stück
geih ma – gehen wir
Göd – Geld
Grastasche – buschiger Ast von einem Nadelbaum
Groamahd – zweiter Schnitt
groußa Hauhn – großer Hahn (Auerhahn)
Habel – Angel
Hauhnen – Hähne
haum – haben
haun – habe
heign – heuen
hest – hättest
hiaz – jetzt
hiefln – Heu wird zum Trocknen um einen in den Boden gesteckten Holzstecken gewunden
Hirschgweich – Hirschgeweih
hoabuachan – stark und kräftig wie eine Hainbuche
hoamlig – heimlich
höfen – helfen
huits eich eichern Hirsch hoit söba – holt euch euren Hirsch eben selbst
kaust – kannst
Kraumer – Krämer, Kaufmann
Lampl – Lämmchen
Leitn, Leite – steiler Berghang
lous – los
mahn – mähen
neammer – nicht mehr
neit – nicht
neixts Joahr – nächstes Jahr
nou – noch
oamoi – einmal
pechern – voller Pech = Harz
Puderl – kleine Karaffe
Schanti – Gendarmen
Schauß – Chance
Schligowitz – Slibowitz
Schmoitier – Schmaltier
Schneeteller – Schneeschuhe
schou – schon
Schwedenreiter – Gestell aus Holzstecken und dazwischen gespanntem Draht, auf dem Heu zum Trocknen aufgehängt wird
Schwoga – Schwager
staubiger Tee – sehr starker Tee mit viel Schnaps
Weidmannshaö – Weidmannsheil
Wöd – Welt
Wüdbrat – Wildbret
Wüdara, Wüdschitz – Wilderer
wuits n liegn lossn – wollt ihr ihn liegen lassen
zach – zäh
zaht – zerrt

Hirschbrunft

Ja, die Hirschbrunft, das ist so eine Sache. Mein erstes Erlebnis damit hatte ich als ziemlich kleiner Bub. Infiziert vom jagdlichen Fieber war ich ja von Anfang an. Mein Großvater war Jäger, mein Vater war Jäger und mein Onkel auch, und alle Männer, so kam es mir damals jedenfalls vor, die in unserem Haus aus und ein gingen, waren ebenfalls Jäger. Sobald ich so halbwegs auf eigenen Beinen stand und „Hirsch" und „Gams" sagen konnte, nahm mich mein Vater schon mit auf die Pirsch, da gab es also kein Entrinnen. Und meine Mutter, so sehr sie auch um mein Wohl bemüht war, hatte dem nichts entgegenzusetzen.

Im Alter von sechs oder sieben Jahren war ich jagdlich bereits voll ausgerüstet. Ich besaß ein zünftiges Jagahütl, Knickerbocker und Bergschuhe, einen Rucksack, einen Bergstecken, einen Gucker und ein aus Lärchenholz geschnitztes Gewehr. Damit ging ich auch schon einmal alleine jagern, ich entwickelte großen Ehrgeiz darin, meinen Vater und meinen Onkel nachzuahmen. Die Erwachsenen fanden das damals natürlich zum Lachen komisch, mir war es aber bitterer Ernst. Ich erlegte auch manchmal ein Stück Wild mit meinem Holzgewehr, der Hirsch oder der Rehbock war dann halt eine abgebrochene Grastasche, die ich mit großer Sorgfalt nach Hause brachte und in unsere Fleischkammer hängte. Meist hing sie, bis die Nadeln abfielen. Mein Vater wagte es jedenfalls nicht, sie einfach wegzuwerfen.

Im Sommer verbrachte ich die meiste Zeit auf dem Bauernhof meines Onkels. Das war paradiesisch für mich. Ich liebte alles dort, die Menschen, die Tiere, den Geruch, den rauen Umgangston, den fetten Speck und das grobe Brot, die deftige Suppe zum Mittagessen und vor allem die goldgelbe Butter, die meine Großmutter im hölzernen Butterfassl gerührt hat und von der ich dann immer ein „Butterkugerl" bekommen habe, welches ich mit großem Genuss und ohne Brot verzehrt habe. Und natürlich faszinierte mich auch die harte Arbeit im Stall und auf dem Feld, wenn ich auch ohne Zweifel mehr im Weg herumgekugelt bin, als dass ich helfen hätte können.

Bei der Feldarbeit im Sommer, also beim „Mahn und Heign", halfen auch mein Vater und noch ein paar andere kräftige Männer mit, denn damals bedurfte es noch vieler fleißiger Hände, um das Heu trocken in die Scheune zu bringen. Ich erinnere mich noch gut ans „Hiefl mochn" und ans „Schwedenreitern", an den Leiterwagen, der von Moni, der alten, gutmütigen Stute gezogen wurde. Mein Großvater turnte darauf herum, musste das Heu, das die starken Männer hinaufreichten, fassen und mit dem „Bindbam" niederbinden. Turmhoch waren manchmal die Fuhren, und die Männer hatten ihre Gaudi, wenn der Großvater wieder einmal herunterpurzelte.

An einem sonnigen Septembertag waren wieder einmal alle auf dem Feld, um die „Groamahd" einzubringen. Da ich immer noch keine große Hilfe für die Bauersleute war, meinte Harald, mein Onkel, ich könne doch ein bisschen jagern gehen, oben im Wald. Vielleicht bekäme ich einen Fuchs zu sehen oder einen Rehbock. Ich ließ es mir nicht zweimal sagen, holte meine Jagasachen aus dem Haus und stapfte Richtung Hochwald. „Aber pass auf die Hirschn auf, hiaz faungt die Brunft aun, und do kunnts gfährlich wern!", riefen mir die Jäger nach.

Natürlich hatte ich großen Respekt vor dem König des Waldes, aber dass mir hier gleich neben dem Feld ein Hirsch begegnen würde, hielt ich doch für sehr unwahrscheinlich. Ich ahmte den Gang meines Vaters nach und strebte mit ernster Miene dem Walde zu. Die Bauersleute mögen hinter mir gelacht haben, das war mir egal. Sehr weit wagte ich mich freilich nicht hinein in die Düsternis, aber immerhin, so fünfzig Meter war ich schon entfernt vom Waldrand, als auf einmal in der dicht stehenden Fichtenkultur ein paar Äste knackten und ein gewaltiger Brunftschrei erschallte, der mir durch Mark und Bein fuhr. Und gleich noch einer, und noch ein drittes Mal dröhnte es in meinen Ohren. Der Hirsch musste ganz in der Nähe sein, wahrscheinlich gleich hinter den nächsten Bäumen. Da rutschte das Herzerl des kleinen Jägersmannes aber ordentlich in die Hose, ich begann um mein Leben zu laufen, über Stock und Stein, fiel auf die Nase, schlug mir beide Knie auf, verlor Hut und Stecken, stolperte, raffte mich wieder auf und rannte hinaus auf die rettende Wiese. Die Bauersleute erzählten später, dass ich vor Angst geschrien hätte. Mein Vater fing mich auf in seinen starken Armen und bemühte sich sehr, mich wieder zu beruhigen. Ich glaube, den Rest dieses Tages schlotterte ich am ganzen Körper und war kaum fähig, das Erlebte zu erzählen. Dass gleich nach mir mein Onkel Harald am Waldrand auftauchte und gemächlich schmunzelnd wieder seiner Arbeit nachging, verwunderte mich zwar einigermaßen, einen Zusammenhang mit dem Röhren des Hirsches sah ich damals aber nicht. Erst viel später haben mir die Halunken einmal gebeichtet, dass natürlich Harald der „Hirsch“ war, und am Stammtisch der Jäger sorgte die Geschichte noch einige Zeit für Erheiterung, auf Kosten eines kleinen, ernsthaften Jägersmannes!

Viele Jahre später, als ich mein Holzgewehr längst gegen ein richtiges getauscht hatte, versöhnte ich mich aber mit der Hirschbrunft. In meinem kleinen Bergrevier hatte sich Mitte September ein kleines Rudel Hochwild eingestellt, und es begann sehr bald ein reger Brunftbetrieb. Ich beobachtete das Treiben einige Tage und erlegte am Ende einen kapitalen 16-Ender, den besten Hirsch meines Lebens. Die Hirschbrunft hatte ihren Schrecken verloren, und meine Jägerehre war wieder hergestellt.

Über das Leuchten in den Augen

Spätsommer. Feistzeit. Die Hirsche schlagen sich um diese Zeit die Wänste voll und sind misstrauisch, heimlich. Es war Anfang September, früher Schnee hatte die Berggipfel und Almen schon zum ersten Mal angezuckert, doch die milden Tage danach hatten das wieder vergessen gemacht. Im Hochwildrevier in den steirischen Bergen war ein Jagdgast angesagt, der sollte auf einen Feisthirsch gehen. Es herrschte herrliches Herbstwetter, ein rechter Altweibersommer.

Hartmut Müller aus Berlin reiste in einer ausladenden Limousine an, er war schon mehrmals hier im malerischen Bergdorf auf Einladung seines Geschäftsfreundes, der hier eine riesige Jagd in Pacht hatte, nur auf einen guten Hirsch hatte es bisher nicht gepasst. An seiner Seite wie immer seine herzallerliebste Ehefrau, die ihren Mann mit einer sonderbar frivolen Unterwürfigkeit überall hin begleitete, also auch zur Jagd, obwohl sie selbst keinem Tier etwas zu Leide tun könnte, wie sie stets kokett beteuerte.

Hartmut und Brigitte bezogen ein zirbenholzgetäfeltes Zimmerchen im kleinen Gasthaus, das sich ganz in der Nähe des Jagdhauses am Ausgang des Dorfes befand und von Sebastian, dem bedächtigen Pirschführer, betrieben wurde. (Vielmehr natürlich von dessen Frau, denn der Wastl, wie er hier gerufen wurde, musste ja das Revier betreuen.) Rasch schnappten sich die beiden, die noch städtische Straßenkleidung trugen, ihr Gepäck und verschwanden in ihrem Zimmer, um nach wenigen Minuten in zünftiger Jagdkleidung in der Gaststube zu erscheinen. Jetzt konnte die große Begrüßung stattfinden, Umarmungen und Küsschen, ein paar Mitbringsel für die Kinder, ein kolossales Blumengesteck für Liesl, die Wirtin, und für Wastl ein sündteures Jagdmesser in einem aufwendigen Lederetui; ein bisschen was musste man schon investieren in so eine Jagdeinladung.

Hartmut war ein untersetzter, kräftiger Mann in den 50ern mit einem etwas zu stark angeschwollenen Wohlstandsbauch, schütterem Haar und einem lächerlich struppigen Schnauzbart. Jetzt, mit seiner tadellosen Hirschledernen, gestrickten Stutzen, Haferlschuhen und dem grünen Jägerhemd stand er da wie die Karikatur eines Steirers, zusammen mit seinem scharfen Berliner Akzent ergab das ein ziemlich verwackeltes Bild. Aber er stand das durch, mit einem erstaunlichen Selbstvertrauen. Und seine um einige Jahre jüngere Brigitte, eine blonde, adrette und recht nobel wirkende Dame, schmückte ihn in einem eng an ihren wohlgeformten Körper anliegenden Lederkostüm. Dem Jäger Sepp, der mit zwei weiteren Gästen in der Wirtsstube saß, blieb gleich einmal die Luft weg. Es fiel ihm sichtlich schwer, seinen Blick von der Dame abzuwenden.

Bei Bier und Schnaps verwickelten sich Hartmut und Wastl alsbald in tiefschürfende jagdliche Fachsimpelei, Brigitte wandte sich der Wirtin zu, setzte sich mit ihr an einen anderen Tisch und nahm einen Piccolo zu sich, um ihren Kreislauf wieder in Schwung zu bringen. Als sie am Tisch von Sepp vorbeistolzierte, meinte dieser, einen zarten Hauch der Errötung über ihr Gesicht huschen zu sehen, aber das behielt er selbstverständlich für sich.

„Hartl", so nannte der Wastl seinen Jagdgast mit einem Anflug verwegener Respektlosigkeit, „hiaz gemma amoi Scheibn schieaßn". Das war eisernes Gesetz bei Wastl, vor der Jagd wurde die Treffsicherheit von Jäger und Waffe überprüft. Dazu diente ein einfacher Schießstand gleich hinter dem Haus, die selbst bemalte Scheibe stand etwa hundert Meter entfernt, und der Schuss hatte im zehn Zentimeter großen Mittelkreis zu sitzen. Erst wenn das der Fall war, war der Wastl bereit, mit dem Gast auf die Jagd zu gehen. Hartmut verzitterte seinen ersten Schuss, der zweite saß aber mitten drin, und Wastl war zufrieden.

Am frühen Abend erfolgte der erste Pirschgang. Brigitte hatte inzwischen die Koffer ausgepackt und die Jagdsachen feinsäuberlich zurechtgelegt. Hartmut zog sich um, verstaute wärmende Zusatzkleidung im Rucksack, stieg in seine Bergschuhe, hängte sich Fernglas und Gewehr um und setzte seinen breitkrempigen Hut auf. Ein makelloser Jägersmann stand da, und seine Augen bekamen ein Leuchten, das Brigitte in Berlin niemals zu sehen bekam. Sie drückte ihrem Mann ein Küsschen auf die Wange und sagte: „Weidmannsheil". Hartmut reckte seine Brust heraus, so gut es eben ging, und schritt geradezu majestätisch auf den Platz vor dem Gasthaus, wo Wastl mit dem alten Jeep des Jagdherrn schon auf ihn wartete.

Sie fuhren bis zum Lärchboden, von dort pirschten sie einen feinsäuberlich geputzten Steig taleinwärts durch lichten Lärchenbestand und erreichten nach einer halben Stunde ohne nennenswerten Anblick den Bodensitz unter der Wetterfichte. Da saßen sie zwei Stunden lang und sahen kein jagdbares Wild. „Hiaz is ruhig im Revier", brummte Wastl beim Hinuntergehen, „vor da Brunft sans hoamlig, die Hirschn."

Doch Hartmut war trotzdem selig. Hier in den wilden steirischen Bergen war er jetzt der verwegene Hirschjäger, der er so sehr sein wollte, und nicht der terminüberladene, stets getriebene Manager in der großen Stadt. Seine Geschäftigkeit und Hektik, die ihn daheim in Berlin durch sein Berufsleben jagte, legte er in jenem Augenblick ab, in dem er sein Jägergewand anlegte. Und jetzt war er ein anderer. Milde schmunzelnd setzte er sich in den Jeep, hörte gar nicht, was Wastl vor sich hin grummelte, und wähnte sich sehr weit weg, in einer anderen Welt.

Als die beiden in die Gaststube traten, dampfte es dort schon gewaltig. Eine dichte Wolke, die nach Bier, Schnaps, Tabakqualm, Schweinsbraten und Schweißfüßen roch, schwebte über dem Stammtisch, der voll besetzt war von zechenden und lärmenden Jägern. Mitten unter ihnen saß zur großen Erheiterung von Hartmut seine liebe Ehefrau Brigitte. Ihr Gesicht hatte die Farbe ihrer roten Bluse angenommen, sie war allerbester Stimmung und selbstverständlich der attraktive Mittelpunkt der Gesellschaft. Sagen wir es ruhig, sie wurde von allen Seiten angebalzt, dass es eine Freude war. Und Sepp, der neben der Umschwärmten saß, schien dabei zu sein, deren Sympathie zu gewinnen, was ihn einige Male den gebotenen Respektabstand zu einer Dame vergessen ließ. Die Gegenwehr der Dame hielt sich aber ohnehin in Grenzen. Hartmut und Wastl zwängten sich auch noch an den Tisch, Liesl brachte ihnen Bier und Braten, und Hartmut bestellte eine Runde Obstler. Gewisse Anzüglichkeiten mussten sich die Gebirgsjäger nun wohl verkneifen, der Stimmung tat das aber kaum einen Abbruch. Und Hartmut schwelgte sowieso in seiner Rolle als wilder Jäger, dass sich seine Brigitte hier so spontan unters Volk gemischt und offenbar auch schon ziemlich tief ins Glas geschaut hatte, amüsierte ihn nur am Rande.

Der morgendliche Ansitz war wiederum erfolglos. Beim Frühstück in der Gaststube, aus der der Dampf des Vorabends noch nicht gewichen war und beißend in die Nase kroch, stand der Sepp mit seiner Krachledernen bereits an der Theke. Er wollte nur schauen, ob es schon zum „Hirschn ziagn“ wäre, genehmigte sich ein Stamperl und flirtete ziemlich ungeniert mit der Dame. Auch die Abendpirsch verlief enttäuschend, einmal sprangen Tier und Kalb über den Pirschsteig, am Wieseneck stand ein guter Rehbock, doch kein Hirsch war zu sehen. „Morgen“, raunte der Wastl seinem Jagdgast zu, „morgen gemma auf die

Hittn, ba den scheinen Wetter san die Hirschen sicher weita obn in der Olm."

Der Abend in der Gaststube verlief wie der vorige, die Weidmänner waren wieder vollzählig versammelt, mitten drin der attraktive Gast aus Berlin, und an Bier und Schnaps wurde nicht gespart. Selbstverständlich war auch Sepp wieder zur Stelle und wich der über die Maßen gut gelaunten Brigitte nicht von der Seite. Hartmut zahlte wieder ein paar Runden Obstler und amüsierte sich weiterhin über seine feine Gattin, deren überschäumende Fröhlichkeit und das erstaunliche Leuchten in ihren Augen, das er in Berlin niemals zu sehen bekam.

Am nächsten Tag verabredeten sich die beiden Jäger zu Mittag. Wastl wollte mit seinem Gast zur Jagdhütte oben im Stierkar und dort auch übernachten. „Die Jausn richtet uns die Liesl, ois aundere is eh obn ba da Hittn", brummte der Jagdführer und zog genüsslich an seiner Pfeife. Für Hartmut war das die Krönung. In der Jagdhütte übernachten, das durften bei Weitem nicht alle Gäste, und es erhob ihn in eine Art adeligen Ritterstand. So empfand er es jedenfalls, und seine Augen leuchteten, dass es eine Freude war. Und Brigitte freute sich mit ihrem mutigen Jägersmann. Pünktlich um 12 Uhr Mittag rauschte der Jeep vom Hof, am Rücksitz mit temperamentvoller Jagdfreude Hirschmann, der treue Bayerische Gebirgsschweißhund von Wastl. Der Fahrweg reichte weit hinein ins Tal und endete am unteren Ende des Weitgrabens. Von dort war's dann noch ein einstündiger Aufstieg bis zur Hütte, die sich knapp unter der Baumgrenze neben der Quelle eines kleinen Bächleins in eine windgeschützte Mulde drückte, so idyllisch, so urtümlich, dass Hartmut meinte, in einem romantischen Heimatfilm gelandet zu sein. Gemächlich sperrte Wastl die Hüttentür auf, öffnete beide Fenster und die knarrenden Balken und ließ die frische Bergluft herein. Hartmut saß auf dem wackeligen Bankerl vor der Hütte und konnte sich nicht sattsehen. Die herbstliche Sonne warf ihr mildes Licht auf die Bergrücken ringsum, die rötlich-gelb verfärbten Lärchen standen wie brennende Kerzen im schütteren Fichtenwald.

Nachdem der Wasserzulauf zum Brunnen ausgeputzt war und im Ofen Feuer brannte, mahnte Wastl zum Aufbruch. Unweit der Hütte befand sich an eine alte Zirbe gelehnt ein Bodensitz, von dem aus man das ganze Stierkar absehen konnte, dorthin setzten sie sich und hofften Aufschluss darüber zu erhalten, wo sich die Hirsche herumdrückten.

Und tatsächlich, ganz drüben unter der Gamsstelle, einem mächtigen Felsbrocken unterhalb des Wettersteins, sahen sie in den wuchernden Latschenfeldern die Geweihe von zumindest fünf Hirschen hin und her wacheln. Weiter unten auf einer Blöße standen sogar einige Stück Kahlwild, und etwas später zog ein passabler, aber viel zu junger Kronen-Zwölfer ganz gemütlich knapp am Bodensitz vorbei. Oben, unter dem Karlspitz, tummelte sich eine Schar Gämsen, die Kitze genossen die herbstliche Sonne mit übermütigem Spiel, und irgendwo mitten im riesigen Kar hörte man hin und wieder auch ein Murmeltier pfeifen. Für ein Angehen der Hirsche war es schon zu spät, die Dämmerung kroch bereits herauf aus dem dunklen Tal. Die beiden Jäger verließen vorsichtig ihren Posten und pirschten zur Hütte zurück. Wastl stellte Teewasser auf den Herd, in dem es heimelig knisterte, und dann machten sie sich über die Jause her, die ihnen Liesl in den Rucksack gepackt hatte. Bei einigen Häferln staubigen Jägertees wurde so einiges erzählt. Wastl bediente sich wie immer bei solchen Gelegenheiten seiner Lieblingssprache, dem Jägerlatein. Hartmut gefiel das, er wusste, dass er nicht alles glauben musste. Andächtig lauschend und leicht angesäuselt gab er sich der archaischen Rauheit der Wildnis hin und verschwendete kaum einen Gedanken an seine im Gasthaus zurückgebliebene Brigitte.

Zeitig am Morgen machten sie sich wieder auf die Socken. Das Morgengrauen warteten sie im Bodensitz an der alten Zirbe ab, dann prüfte Wastl mit großer Sorgfalt den Wind, leuchtete noch einmal sehr bedächtig das ganze Kar mit seinem Fernglas ab und resümierte schließlich kurz und bündig: „Passt!" Ein Pirschsteig führte auf halber Höhe bis hinüber zur Gamsstelle, geschickt angelegt und immer wieder die Deckung von kleinen Baumgruppen oder Latschenfeldern ausnutzend, den nahmen sie jetzt, Hirschmann an der Leine bei Fuß. Wastl mahnte zu äußerster Vorsicht, hinter jeder kleinen Biegung konnte Hochwild stehen. An einem kleinen Bächlein vorbei mussten sie ein Stück steil bergauf steigen, um ein Latschenfeld zu umgehen. Dann schoben sie sich auf dem Boden robbend über die nächste Kuppe. Unter ihnen, auf einer kargen Wiese zwischen Steingeröll und Latschen, ästen zwei Hirsche! Wastl griff zum Glas und sprach an – eine unendlich lange Zeit lang, so schien es Hartmut, dessen Herz ihm nun bis zum Halse schlug. Hirschmann lag brav fünf Meter hinter den Jägern, ein aufgeregtes Hecheln konnte er aber nicht unterdrücken. „Traust di schieaßn? Es is holt vadaumt weit!", raunte Wastl seinem Gast zu. Es waren wohl über 200 Meter. Hartmut nickte mit zittrigen Händen. „In rechten nimmst, loss da aber Zeit, woat, bis a broad steht." Hartmut ging in Anschlag, Wastl hatte ihm seinen Rucksack als Auflage gerichtet. Es dauerte eine Weile, bis er sich in seiner Lage einigermaßen sicher fühlte, dann atmete er durch, tief und lang, und spürte trotzdem seine Hände zittern. Er suchte durch das Zielfernrohr seinen Hirsch, setzte wieder ab, atmete noch ein paar Mal tief durch und nahm all seine Konzentration zusammen, denn jetzt stand der Hirsch breit. „Hoch aunfoarn muasst, hiaz kaust schiaßn!" Der Schuss gellte hinaus und hallte wider im ganzen Kar, der Hirsch zeichnete nur schwach und trottete hinter eine kleine Latschengruppe. „Repetieren!", rief Wastl mit einiger Aufregung und behielt sein Glas oben, unverwandt die Stelle im Auge behaltend, an der der Hirsch verschwunden war. Es dauerte tatsächlich nicht lange, und der Hirsch trat unterhalb der Latschen wieder aus. Er stellte sich breit, mit seinem Haupt immer wieder heftige Bewegungen nach hinten vollführend. „Schiaßn!“, befahl Wastl, und schon krachte der zweite Schuss aus der Büchse des Berliner Jägers. Der Hirsch brach auf der Stelle zusammen und lag im Feuer. Wastl nahm sein Glas nicht herunter und wies Hartmut an, noch einmal zu repetieren, es wäre nicht das erste Stück, das nach einem Krellschuss zusammenbricht und nach ein paar Sekunden wieder auf den Läufen ist. Doch der Hirsch war verendet, nach ein paar Minuten klopfte Wastl seinem Gast freudig auf die Schulter. „Weidmannsheil!“

Hartmut stand der Schweiß auf der Stirn, nun sank er in sich zusammen und – es war nicht zu verhehlen – eine Träne kollerte ihm über seine Wange. Wastl steckte sich ein Pfeiferl an und beruhigte seinen Jagdgast mit einem kräftigen Schnapserl, dann machten sie sich auf zum erlegten Hirsch. Für Hirschmann war dabei nichts zu tun, sie sahen den Kapitalen ja schon von weitem daliegen. Der Hund freute sich aber trotzdem und begann ein aufgeregtes „Totverbellen“. Es war ein reifer Hirsch, der ungerade Vierzehn-Ender prahlte mit einer ungewöhnlich weiten Auslage. Hartmut war selig, er steckte sich den von Wastl feierlich überreichten Latschenbruch mit stolz geschwellter Brust an seinen Hut und den letzten Bissen in den Äser des erbeuteten Hirsches. Die „rote Arbeit“ verrichtete Wastl. Auf der Suche nach Ein- und Ausschuss allerdings kam er aus dem Staunen nicht heraus. Am Ziemer oberhalb des Blattes war eine Fleischwunde zu sehen, das war gewiss der erste Schuss, der den Hirsch nur gestreift hatte, mit den Bewegungen seines Hauptes hatte der Hirsch wohl versucht, mit seinem Lecker die schweißende Wunde zu erreichen. Doch von einem tödlichen Einschuss war nichts zu sehen. Kopfschüttelnd erledigte Wastl den Aufbruch, drehte den Hirsch von links nach rechts und wieder zurück – kein Einschuss! „I moan, den Hirsch hot da Schlog troffn“, meinte er noch, doch dann, bei der nochmaligen Betrachtung des majestätischen Geweihs, fiel ihm ein Schweißtropfen am Haupt des Hirsches knapp hinter dem rechten Licht auf. Da saß der Schuss! Der Berliner Jäger hatte seinen Kapitalen mit einem Kopfschuss erlegt, auf 250 Meter, offenbar in dem Moment, als der Hirsch zum wiederholten Male sein Haupt zurückwarf, um an seine Schusswunde am Ziemer zu gelangen! Da kann man auch unter Jägern einmal von Glück sprechen.

Wastl zog den Hirsch ein Stück weit unter die Latschen und verblendete ihn, denn zur Bringung musste er sich einen Gehilfen holen, alleine war das nicht zu schaffen. Die beiden Jäger gingen zurück zur Hütte, um dort alles aufzuräumen und die Balken zu schließen, dann ging es frohen Schrittes hinunter ins Tal. In der Gaststube – es war später Vormittag – stand abermals der Jäger Sepp in seiner Krachledernen mit leichten Ringen unter den Augen an der Theke und trank ein Bier. Der Beutebruch an Hartmuts Hut war gut sichtbar, also stürmte er ihm gleich entgegen. „Weidmannsheil! Weidmannsheil!“, dröhnte er durch die Stube, „Wird's dou nou zan Hirschn ziagn!“ Hartmut wunderte sich ein bisschen darüber, dass der Sepp nicht nur nach Bier und Tabak roch, sondern auch von einer irgendwie vertraut wirkenden, eigentümlich lieblichen Duftwolke umnebelt schien, doch was kümmerte ihn das, er freute sich darüber, dass er seine Hilfe anbot und sich über den Jagderfolg mitfreute.

Nach einem zünftigen Schnapserl, mit dem sie den Schützen hochleben ließen, machten sich Sepp, Wastl und der Jagdgehilfe Franz auf den Weg, den Hirsch aus dem Stierkar zu holen. Hartmut zog sich zurück in sein Zimmerchen, wo er seine Brigitte im reizvollen Negligé vor dem Spiegel in ausgesprochen beschwingter Laune vorfand. Sie hatte wohl schon mitbekommen, dass der Hirsch gefallen war und schwebte ihrem Herzallerliebsten mit einem strahlenden Lächeln entgegen, drückte und herzte ihn überschwänglich und wünschte ihm „Weidmannsheil“.

Drei Stunden später lag der Hirsch am Vorplatz des Gasthauses, gebettet auf Fichtenästen und Latschen, das Geweih stolz aufgerichtet. Rundum versammelte sich alles, was Beine hatte in dem kleinen Dorf und selbstverständlich alle Jäger des Stammtisches, die sich so eine Hirschfeier niemals entgehen ließen. Wastl griff sogar zum Jagdhorn und schmetterte mit Inbrunst das „Hirsch tot" in den wolkenlosen Nachmittagshimmel. Drei der anwesenden Jäger erwiesen sich als passable Sänger und jodelten ein paar Jägerlieder in die Runde, bis dann der Hias mit seiner Harmonika kam und das Ganze beinahe zu einem Volksfest werden ließ - ein Ganghofer'sches Spektakel vor dem Gasthaus von Elisabeth und Sebastian in dem kleinen Dorf in den steirischen Bergen.

Keiner der Jäger wollte die Geschichte mit dem Kopfschuss glauben, alle lachten sie über diese maßlose Aufschneiderei, und jeder einzelne suchte den Wildkörper nach einem Einschuss ab. Doch es war tatsächlich keiner zu finden. Allesamt blieben ein wenig ratlos, sie sahen den Schuss am Haupt des Kapitalen mit ihren eigenen Augen, aber glauben wollte es dennoch keiner so richtig.

Am Abend gab es dann in der Gaststube noch geröstete Hirschleber mit Kartoffeln und weiterhin zu trinken, was hineinpasste in die durstigen Kehlen. Es wurde wahrlich ein feuchtfröhliches Fest, und Hartmut schwebte auf Wolken, betrunken und glückselig lallte er jedem einzelnen seine Geschichte vom Jagderlebnis vor – dass sich der Jäger Sepp außergewöhnlich heftig um seine Frau Brigitte kümmerte, berührte ihn nur am Rande. Am Ende des Gelages gingen Hartmut und Brigitte Hand in Hand hinauf in ihr Zimmerchen und beide trugen, wenn auch aus recht unterschiedlichen Gründen, ein Leuchten in ihren Augen, das sie in Berlin niemals voneinander zu sehen bekamen.

Und der Jäger Sepp schnalzte mit der Zunge und barg ein weiteres süßes Geheimnis hinter seinen feurig funkelnden Augen.

Der Bock vom Unterland

In meinem herrlichen Bergrevier, das ich damals in Pacht hatte, gab es ein kleines Problem, wirklich ein kleines, sozusagen ein „Luxus-Problem". Denn während ich dort mit freudvollen Erfolgen – im bescheidenen Rahmen natürlich – auf Rotwild und Gams, Birkhahn und Murmel und sogar auf den großen Hahn jagen konnte, war der Rehwildbestand lausig. Vom Sepp, meinem guten Freund und Besitzer dieser Eigenjagd, wusste ich, dass mein Vorgänger als Pächter darauf gar keinen Wert gelegt und auf die Rehwildhege vollkommen verzichtet hatte. Ich erhielt dann zwar die Erlaubnis, eine sorgsam eingezäunte Rehfütterung zu errichten, doch um den Bestand nachhaltig zu verbessern, musste man sich schon einige Jahre gedulden. Und mein Jägerherz, das sich so sehr danach sehnte, einmal einen richtig guten Bock zu erlegen, wurde auf eine harte Geduldsprobe gestellt.

Doch wie so oft im Leben, wenn eine Tür klemmt, dann geht zuweilen eine andere auf. Und Jägerstammtische gibt es ja auch nicht ganz umsonst. Von so einem Stammtisch kannte ich den Fritz, einen sogenannten „Landler-Bauern" (wir nannten sie so, weil sie ihre Höfe unten „am Land" hatten, meist viel größer und viel leichter zu bearbeiten als die Bergbauernhöfe bei uns heroben). Fritz hatte seine Eigenjagd da unten, mit prächtigen, ebenen Wiesen und Äckern, dafür aber nur mit einem kleinen Waldanteil. Er hatte auch keine Alm, denn die Berge, die es dort gab, waren weit niedriger und über ihre Rücken hinweg bewaldet. Und so gab es in seinem Revier natürlich keine Gämsen!

Der eine möchte also für sein Leben gern einmal eine Gams schießen, der andere sehnt sich danach, einmal auf einen guten Rehbock zu gehen. Was tut also St. Hubertus? Er führt die beiden zusammen und lässt sie einen Handel abschließen. „I lod di ein auf an guaten Rehbock ba mir im Revier, dafür derf i im Spotherbst ba dir a Gams schieaßn, wos sogst dazua?“, meinte Fritz eines Tages bei einem sonntäglichen Frühschoppen beim Pfandlwirt. Dagegen war nun wirklich nichts zu sagen, eine wunderbare Idee, wir gaben uns die Hand drauf, und der Austausch war zu beider Zufriedenheit besiegelt.

Ende Juli rief mich Fritz an, er hätte bereits einen sehr guten Bock bestätigt, die Brunft wäre schon in vollem Gange und ich könnte jederzeit kommen. Wir vereinbarten für den kommenden Freitag den Abendansitz. Ich teilte es mir so ein, dass ich auch Samstag und Sonntag noch als Jagdtage zur Verfügung hatte, für alle Fälle.

„Eine knappe Autostunde trennt mich noch von meinem kapitalen Rehbock“, dachte ich, als ich meine Jagdsachen sorgfältig in den Kofferraum packte. Ich sollte so gegen 17 Uhr am Hof von Fritz gestellt sein. Ich war pünktlich, Fritz hatte noch einige Dinge zu erledigen, wie das auf einem Bauernhof eben so ist, doch gegen 18 Uhr brachen wir auf.

Die Sonne stand noch hoch und drückte uns ihre brütende Hitze unbarmherzig ins Gesicht. Wir pirschten einen von Birken und Pappeln gesäumten Wiesenweg leicht bergan, erreichten einen Waldstreifen, durch den ein gerade noch erkennbarer Jägersteig führte, und kamen leicht verschwitzt zu einem Hochsitz am Rande einer geradezu märchenhaften Wiese, eingesäumt von dichtem und saftigem Mischwald, nur gegen Süden hin leicht geöffnet hinaus auf die wogenden Getreidefelder. „Vor drei Tog hot da Bock do a Gaoß über die gaunze Wiesn triebn", raunte mir mein Pirschführer zu, wir setzten uns auf den etwas wackligen Hochsitz und harrten der Dinge, die da kommen würden.

Fast zwei Stunden lang wurden wir von Mücken und Gelsen umschwirrt, man konnte also nicht sagen, dass wir keinen Anblick gehabt hätten, aber jagdbares Wild war nicht zu sehen. Dann trat am südlichen Wieseneck doch noch eine Geiß mit einem starken Kitz aus, die beiden genossen sichtlich die würzigen Leckerbissen der üppigen Wiese, Bock war aber keiner zu sehen. Beim Abbaumen meinte Fritz, dass so etwas natürlich schon vorkommen könnte. Er zeigte mir noch einen Pirschsteig, der in nordwestliche Richtung weiterführte zu einer anderen, kleineren Blöße, wo sich der Bock auch herumtreiben könnte, dort müsste man vielleicht auch einmal Nachschau halten.

Zu Hause angekommen, musste ich natürlich noch mit hinein in die Stube auf einen Schnaps und ein Bier, ich lernte seine fesche und resche Bäuerin Cilli kennen, und wir plauderten ein Weilchen. Fritz eröffnete mir schließlich, dass ich ab sofort alleine auf Ansitz gehen könne, ich wisse ja jetzt schon Bescheid. Auf die Wiese und den kleinen Schlag dahinter solle ich mich konzentrieren und natürlich auf den starken Bock, den er mir noch einmal beschrieb, so gut er konnte. An der linken Stange hätte er ein zusätzliches Ende nach hinten, das mache ihn unverwechselbar. Er selbst hätte gerade jetzt sehr viel Arbeit am Hof und am Feld, das möge ich verstehen. Freilich verstand ich das, und ich freute mich über das Vertrauen, das er mir damit entgegenbrachte. Ich kündigte an, schon am nächsten Morgen wieder hinauszugehen und verabschiedete mich nach einem gemütlichen Plauderstündchen frohgelaunt.

Es war bereits nach Mitternacht, als ich nach Hause kam, meine liebe Ehefrau war noch wach, sie hatte schon befürchtet, mich abholen zu müssen, weil ich beim Bock-Feiern versackt war. Nein, aber im Sommer ist der Tag halt so lang, man sitzt fast bis halb zehn am Hochsitz, und bis dann alles besprochen ist und die lange Heimfahrt …

Um halb 4 Uhr rasselte der Wecker, um halb 5 Uhr saß ich wieder auf dem Hochsitz. Unten am offenen Teil der Wiese meinte ich im diffusen Grau der langsam zurückweichenden Nacht die Umrisse von zwei oder drei Rehen zu erkennen, doch sie entschwanden, bevor mir das Licht des heraufdämmernden Tages erlaubt hätte, sie anzusprechen. Etwas später stand dann im rechten Eck der Wiese auf einmal ein junger Bock, suchte ein wenig nervös herum und drückte sich bald wieder ins Holz.

Die Sonne hob sich hinter meinem Rücken in den stahlblauen Himmel, ein prachtvoller Tag zog herauf, nur die Wiese vor mir blieb leer. Also pirschte ich bedächtig zurück, sah im großen Feld hinter dem Bauernhof weit entfernt noch drei Rehe, dann setzte ich mich ins Auto und rauschte nach Hause. Am Abend wollte ich etwas früher hinaus und nahm mir vor, auch meinen Rehfiep mitzunehmen (damit war ich damals allerdings noch sehr ungeübt).

Es war wirklich ein sehr heißer Tag, die Luft flimmerte noch, als ich es mir wieder gemütlich machte „im vorderen Winkel", wie Fritz diesen Revierteil nannte. Und es dauerte tatsächlich nicht lange, ich drohte gerade ein wenig einzudösen, da stürmte eine Geiß daher, getrieben von einem Bock, den ich rasch als den bereits gestern gesehenen ansprechen konnte. Die beiden jagten über die Wiese, dass es eine Freude war, einmal fingen sie sich auch tatsächlich in einem Art „Hexenring", doch so schnell wie sie gekommen waren, verließen sie die Bühne auch wieder. Ich war sicher, dass sich der Dreijährige darüber im Klaren war, dass er sich auf gefährlichem Terrain bewegte, nämlich im Einstandsgebiet eines viel stärkeren Bockes. Aber der zeigte sich nicht. Ich fiepte ein paarmal ein wenig zaghaft, die gewünschte Wirkung blieb aus. Ein malerischer Sonnenuntergang half mir über die erste leichte Enttäuschung hinweg.

Sonntag früh setzte ich mich wieder auf den Hochsitz, wieder sah ich den jungen Bock, diesmal ganz unten an der Wiesenöffnung, wie er seine Geiß ins Getreidefeld trieb. Kurz meinte ich, einen zweiten Bock gesehen zu haben, zum Ansprechen reichte es aber nicht.

Am Abend erinnerte ich mich an den Steig, den mir Fritz bei unserem ersten Ansitz gewiesen hatte, und pirschte ihn mit äußerster Vorsicht entlang, bis ich den kleinen Kahlschlag erreicht hatte, den der Fritz „hinterer Winkel" nannte. Die Himbeerstauden waren gerade dabei, von der kleinen freien Fläche Besitz zu ergreifen, für einen Hochsitz hatte Fritz wohl noch keine Zeit gehabt. Ich kauerte mich an einen alten Wurzelkörper und konnte den Schlag ganz gut überblicken, also beschloss ich, sitzen zu bleiben. Vielleicht hatte der Bock seinen Einstand ja tatsächlich bis hierher ausgeweitet.

Nach einigen Minuten versuchte ich es mit dem Lockruf der Geiß. Nichts! Doch kurz bevor das Büchsenlicht zu schwinden drohte, stakste tatsächlich ein Reh aus dem Altholz. Es war ein Bock! Sehr starker Körperbau, aber doch irgendwie jugendlich, das Krickel massig und stark vereckt, aber kaum über Lauscher hoch. Das war nicht der Bock, den mir Fritz beschrieben hatte, das war ein junger, gut veranlagter, dem man jedenfalls noch ein paar Jahre geben sollte. Ich schaute ihm eine Zeit lang zu, wie er sich ein paar Blätter von den frischen, saftigen Stauden zupfte und schließlich verschwand, wie er gekommen war.

Als ich um die Stadlecke des stattlichen Bauernhofes einbog, stand der Fritz vor der Haustüre und rief mir von weitem schon ungläubig zu: „Wos is lous, wou is da Rehbock?“ Ich erzählte ihm wahrheitsgetreu, wie es mir ergangen war, und Fritz schüttelte ungläubig den Kopf. „Aber der Bock is do, deis is gaunz sicher, do muasst hiaz draubleibn, du kaust jederzeit ausigeih, wias'd holt Zeit host!“ Er zog mich mit hinein in die Stube, wo Cilli bereits eine zünftige Jause für mich aufgetischt hatte. „Mia hätt ma uns schou denkt, dass du heit mit'n Bock hoamkimmst“, grinste mich die Bäuerin an und stellte mir auch noch ein Bier auf den Tisch.

Nun hatte ich leider neben der Bockjagd auch noch etwas anderes zu tun und musste die nächsten Tage aussetzen. Am Mittwoch zum Abendansitz war ich aber wieder zur Stelle, eine kurze Besprechung mit Fritz ergab keine neuen Erkenntnisse, also setzte ich mich wieder auf den Hochsitz im „vorderen Winkel“. Das Wetter hatte umgeschlagen, der Himmel war bedeckt, und es war erheblich kühler, doch der Wind stand gut. Nur der Bock kam nicht. Auch am darauffolgenden Morgen saß ich drei Stunden vergebens auf dem Hochsitz. Ich muss gestehen, dass mich bereits die ersten Zweifel beschlichen, doch am Abend kam die Wende. Ich wagte ein paar zaghafte Fieplaute, und nach ein paar Minuten stand er da! Tatsächlich ein kapitaler Bock, so wie Fritz ihn mir beschrieben hatte, mit dem auffälligen, zusätzlichen Ende auf der linken Stange. Zur gleichen Zeit erschien allerdings von mir unbemerkt in der anderen Ecke der Bühne eine Geiß, und da war es um den Bock natürlich geschehen. In hohen Fluchten jagte er über die ganze Wiese, erreichte seine Angebetete und verschwand mit ihr im Unterholz, so schnell konnte ich gar nicht schauen.

Ich wartete bis zum allerletzten Büchsenlicht, doch sie kamen nicht mehr zurück. In der Bauernstube beim Fritz und bei der Cilli erzählte ich freudestrahlend von meinem Anblick und Fritz schmunzelte vor sich hin: „Na jo, auf an guaten Bock muass ma schou a poarmol geihn, sunst hot man neit vadient, deis is a oide Haubn." Ich nahm das zur Kenntnis, fuhr nach Hause und plante auch das kommende Wochenende jagdlich.

Am Freitagabend erschien im unteren Wieseneck gegen das Getreidefeld hin wieder der Dreijährige. Am Samstag blieb ich den ganzen Tag unten im „Unterland", streifte auch über Mittag durchs Revier, fiepte da und dort, bekam noch einen weiteren jungen Bock in Anblick, der ebenfalls mit einer Geiß beschäftigt war. Am Sonntag in der Früh regnete es in Strömen, da trat mein Kapitaler ganz unten kurz aus dem Getreidefeld, für einen weidgerechten Schuss war es jedoch viel zu weit. Am Abend packte ich nach weiteren drei Hochsitzstunden meine Sachen und fuhr nach Hause, ein bisschen enttäuscht war ich schon. Fritz sprach mir unermüdlich Mut zu, ich solle nur ja nicht verzagen, ich würde ihn schon kriegen, versprach er mir.

Meine allerliebste Ehefrau, die verständnisvollste von allen, konnte nicht umhin, ihrem Befremden darüber Ausdruck zu verleihen, dass ich so unglaublich viel Zeit dafür verwendete, einem Rehbock nachzujagen. Meine Erklärungsversuche scheiterten erwartungsgemäß. Aber immerhin erkämpfte ich mir das Recht, auch das folgende Wochenende noch einmal jagdlich zu planen.

Mit Optimismus, der allerdings durchwachsen war von einem Hauch von Verzagtheit, das muss ich gestehen, machte ich mich auch am folgenden Freitag wieder auf den Weg ins Unterland. Mein Freund Fritz versicherte mir, dass er den bewussten Reviertei1 die ganze Woche über in Ruhe gelassen hätte und dass er nach wie vor sicher wäre, dass der Bock im vorderen Winkel seinen Einstand hätte. Das Wetter war gut, der Wind mäßig, als ich mich am Hochsitz einrichtete, stand er mir im Gesicht, also beste Voraussetzungen.

Eine gute Stunde tat sich nichts, ich genoss den lauschigen Abend und ließ mich von Vogelgezwitscher und Grillengezirpe verzaubern. Den Rehfiep packte ich nicht mehr aus, Fritz hatte gemeint, ich solle das lieber bleiben lassen. Und dann auf einmal: der Bock! Da stand er, dicht am Waldrand rechts oben, mit dem Stich zu mir, ich hatte das Gefühl, er äugte mir direkt in meine Augen! Langsam, wirklich ganz langsam hob ich das Glas, um mich zu vergewissern, der Bock stand da wie angewurzelt. Er war es, ohne Zweifel. Und wieder ganz langsam griff ich zur Büchse, der Bock konnte mich nicht im Wind haben, irgendetwas schien ihm aber doch nicht ganz zu passen.

Er begann zu äsen, warf aber immer wieder in kurzen Abständen auf. Er stand immer noch spitz, zog herein auf die Wiese, wurde immer schneller und sprang schließlich flüchtig gegen das Altholz zurück. Ich hatte ihn im Zielfernrohr. Jetzt sprach ich ihn nicht mehr an, sondern ich schrie ihn an. Und da machte er das „Haberl“, das sein Schicksal besiegeln sollte. Der Schuss krachte hinaus in die abendliche Dämmerung, so laut, kam mir vor, dass ihn auch meine Frau oben am Tauern gehört haben musste. Und wenn nicht den Schuss, dann den Jauchzer, der mir gleich darauf entfuhr, denn der Bock lag im Feuer! Es war bei Weitem der beste Bock, den ich bis dahin erlegt hatte.

Das war dann natürlich ein großes Hallo beim Fritz, der rief gleich noch ein paar Nachbarn zu sich ins Haus, und die emsige Cilli trug Jause und Getränke auf, dass sich der alte Bauerntisch bog, eine Bockfeier der zünftigen Art nahm ihren Lauf. Von Fritz bekam ich dann noch so eine Art Orden: Er hätte schon vielen Jägern einen Bockabschuss in seinem Revier ermöglicht, ich wäre derjenige gewesen, der mit Abstand am längsten dazu gebraucht hatte! Ich habe nachgerechnet, es waren 16 Pirschgänge gewesen. „Zache Jaga mochn Wüdbrat!“, lobte mich der Fritz und klopfte mir anerkennend auf die Schulter. Und meine liebe Frau oben am Tauern war auch nicht sonderlich böse darüber, dass ich die Nacht im gastlichen Haus von Fritz und Cilli verbrachte, an ein Nachhausefahren war nicht zu denken.

Als wir im November das erste Mal ins Stierkar aufstiegen und Ausschau hielten nach einem passenden Gamsbock für Fritz, dachte ich kurz darüber nach, ob ich es ihm nicht auch ein wenig schwerer machen könnte und ihn zumindest beim ersten Mal auf gar keinen Fall zu Schuss kommen lassen sollte. Aber den Gedanken verwarf ich gleich, denn so etwas rächt sich meistens. Ich sah an diesem kalten und klaren Novembertag die Gämsen schon von Weitem in den Wandeln stehen, wir kamen bei passendem Wind gut heran, und Fritz erlegte mit sicherem Schuss seinen Gamsbock. Und die Freundschaft eines Gebirgsjägers mit einem Landler-Bauern, die mit einem jagdlichen (Bock-)Handel begonnen hatte, war für lange Zeit gefestigt.

Der Wödhabel-Luis

Einen hatten wir in unserem Dorf, der hieß Alois. Jedenfalls war das sein richtiger Name. Die Leute nannten ihn alle Luis. Der Luis war ein riesenhafter Lackel und maß wohl nicht viel weniger als zwei Meter in der Höhe, aber auch seine Breite war mehr als bemerkenswert. Hände hatte er wie Bärentatzen und eine Kraft, die jedem Wirtshaus-Randalierer schon beim Gedanken daran die Schweißperlen auf die Stirn trieb. Luis war häufig im Gasthaus anzutreffen, was dem Frieden am Stammtisch stets sehr zuträglich war. Denn der Luis war keineswegs ein Raufbold, ganz im Gegenteil, er war meist derjenige, der Meinungsverschiedenheiten zur Einigung brachte, und da reichte üblicherweise bereits seine bloße Anwesenheit. Außerdem war der Luis praktisch immer guter Laune, war zu jedem freundlich, zeigte sich stets hilfsbereit und konnte keine Bitte abschlagen. Wenn also für irgendeine Arbeit besonders viel menschliche Muskelkraft erforderlich war, rief man den Luis, der machte das. Und als der Bruckenwirt dem Luis einmal anerkennend auf die Schulter klopfte, als dieser gerade wieder einmal einen besonderen Kraftakt vollbracht hatte, meinte der Luis mit seinem unnachahmlichen Grinsen im Gesicht: „Woaßt, Bruckenwirt, i moa, waun die Wöd Habel hätt, i hebat sie aus!“ Das gefiel dem Bruckenwirt und den anderen umstehenden Mannsbildern, und der bärenstarke Luis hieß fortan „Wödhabel-Luis“!

Sicher, ein bisschen einfältig war er schon, der Kraftlackel, denn wer glaubt denn allen Ernstes, dass er die Welt aus den Angeln heben könnte? Und wer ist schon zu jedermann freundlich, will keinem etwas Böses tun und hilft überall, ohne irgendeine Gegenleistung zu erwarten? Der Luis tat das und war immer zufrieden mit dem, was man ihm gab. Ganz schön oft war das auch nur ein halbherziges Dankeschön. Aber natürlich bekam er für manche Arbeiten auch Geld, und wenn er von einem Bauern um Hilfe gebeten wurde, gab es für einige Tage auch Essen und Trinken. Ausgeschlagen hat er keinem eine Bitte, aber je kleiner und armseliger ein Bäuerlein war, desto lieber half ihm der Luis. Denn bei den großen Bauern saß er zu Mittag am Gesindetisch und bekam meistens einen Teller Sterz und einen gewässerten Most. Bei den ärmeren Bauern saß er aber stets mit den Bauersleuten am Tisch und bekam, was auch diesen aufgetischt wurde. Komisch eigentlich, dachte sich der Luis jedes Mal wieder.

Natürlich wurde er auch ab und zu gehänselt und immer wieder einmal gefragt, wann er denn nun die Welt aus den Angeln heben würde, aber meist war man doch sehr froh, dass man ihn hatte. Denn wenn etwa Zaunstipfel für einen Almzaun auf den Berg zu tragen waren, lud sich der Luis dreimal so viel auf seinen Rücken wie der Bauer. Wenn an einem Karren ein Rad zu wechseln war, hielt der Luis den Karren ohne viel Mühe währenddessen in die Höhe. Wenn irgendwo ein Loch zu graben war, erledigte der Luis das in einem Bruchteil der Zeit, die ein anderer dafür gebraucht hätte. Und wenn ihm dann anerkennend auf die Schulter geklopft und seine titanenhafte Kraft bewundert wurde, war er glücklich, der Wödhabel-Luis.

Es war ein guter alter Brauch, dass sich Anfang November jedes Jahr die Jäger des Dorfes zur Hubertusjagd versammelten. Der Luis war zwar kein Jäger, aber er war ein unentbehrlicher und höchst begeisterter Treiber. Ihm konnte man ohne Bedenken die doppelte Wegstrecke der anderen Treiber zumuten, das machte ihm überhaupt nichts aus, vermutlich wäre er sogar beleidigt gewesen, wenn man es nicht getan hätte. In einem Jahr, in dem zu dieser Zeit bereits der erste Schnee gefallen war und der Wind ordentlich durch das Tal pfiff, machten sie sich wieder auf, um vielleicht einen passenden Hubertushirsch zur Strecke zu bringen. Der Sepp, der Karl, der Gottlieb und natürlich der Luis waren die Treiber. Luis, der sich auch in den meisten Revieren bestens auskannte, stellte zuerst die Schützen an, stapfte dann wieder ganz hinunter ins Tal und war zur Stelle, als der Trieb angeblasen wurde. Nachdem bereits ein „Schneberl" lag, wie die Jäger das nannten, also eine dünne Schneedecke das Land überzog, ließen sich auch die Fährten sehr schön verfolgen, und es dauerte tatsächlich nicht besonders lange, bis die ersten Schüsse fielen.

Luis kam nach einer guten Stunde zum Albrecht, der am oberen Rand einer wirklich sehr steilen Felsrinne stand, die in einer Art Doline endete, und einigermaßen besorgt in die Tiefe blickte. „I haun auf an Hirsch gschossn, und stöll da vor, der is genau in deis Loch einigrutscht!", meinte er zum verdutzten Luis. Da war nun guter Rat teuer, wie sollte man den Hirsch in diesem eigentlich unzugänglichen Gelände bergen? Einige der anderen Jäger hatten sich ebenfalls eingefunden, alle blickten sie zaghaft hinunter zum verendeten Hirsch, aber keiner machte irgendwelche Anstalten, etwas zu unternehmen.

Inmitten der herumstehenden Jäger war der Luis der einzige, dem etwas einzufallen schien. Und wie immer stand seine Muskelkraft im Mittelpunkt seiner Überlegungen, er entledigte sich seines Rucksacks und seines Wetterflecks und kletterte bedächtig, aber zielstrebig hinein in die steile Felsrinne. Nach und nach bemerkten es die Jäger und schauten ihm nicht ohne Besorgnis nach. „Wos tuast denn do, Luis?", rief ihm der Bruckenwirt hinterher. „Jo, oana muass jo den Hirsch

huin, oder wuits n liegn lossn?", gab der Luis zur Antwort und ließ sich nicht mehr davon abbringen, hinunterzuklettern zum verendeten Hirsch. Dort angekommen, spuckte er sich ein paarmal ordentlich in die Hände, band die Vorder- und die Hinterläufe des Hirsches mit einem „Strangl" zusammen, hob sich den ganzen Hirsch auf seinen Buckel und kraxelte langsam, aber sicher die elend steile Felswand herauf. Die Münder aller oben stehenden Jäger standen weit offen, keiner sagte ein Wort. Dass der Luis sehr viel Kraft hatte, das wussten sie, aber dass er mit einem Hirsch auf dem Buckel eine Felswand nach oben klettern konnte, das ging ihnen entschieden zu weit. Und als der Luis dann tatsächlich über die Felskante heraufschaute, schweißüberströmt und schwer schnaubend, und ihnen den Hirsch vor die Füße schmiss, ging ein Raunen durch die Reihen. Die Männer schüttelten ihre Köpfe, sie konnten nicht glauben, was sie gerade mit eigenen Augen gesehen hatten.

„Luis, bist hiaz gaunz narrisch worn?", meinte der Bruckenwirt. „Na, sou wos haun i wirkli nou nia gsehgn!", stammelte der Albrecht. „Hest wos gsogt, mia hättn da jo ghulfn!", nuschelte der Sepp vor sich hin, aber der Luis sah da schon so ein merkwürdiges Grinsen im Gesicht vom Sepp. Und dann kamen noch ein paar spöttische Bemerkungen von den anderen dazu, die dem Luis nicht gefielen. Es beschlich ihn allmählich das Gefühl, dass er hier nicht bewundert, sondern ausgelacht wurde, und das war etwas, was der Luis gar nicht leiden konnte. Und als dann der Hias noch meinte: „Luis, du bist a festa Depp, du hest in Hirsch wenigstens aufbrechen sulln!", brannten beim Luis die Sicherungen durch. Er packte den Hirsch kurzerhand und warf ihn mit Schwung zurück hinunter in das Felsenloch!

„Daunn huits eich eichern Hirsch hoit söba!!" Sprach's, griff sich seinen Rucksack und den Wetterfleck und ging seines Weges. Da war es natürlich augenblicklich still in der Jägerrunde, so lang waren ihre Gesichter ganz bestimmt noch nie.

Als der Luis nach ein paar Tagen wieder ins Gasthaus kam, tat er, als wäre nichts geschehen und war zu allen freundlich, wie immer. Aber das Verhalten der anderen ihm gegenüber hatte sich grundlegend geändert. Was für ein Respekt ihm auf einmal von allen Leuten im Dorf entgegengebracht wurde, das war schon sehr bemerkenswert. Alle wussten jetzt nicht nur, dass er stark war wie ein Bär, sondern auch eine sehr sensible, empfindsame Seele hatte, die man besser nicht verletzte. Den Namen „Wödhabel-Luis" trug er fortan wie einen Adelstitel.

Die Geschichte von Karo, der Birkhahnjägerin

In den 80er-Jahren des vorigen Jahrhunderts gab es beim Schneiderwirt, einem kleinen, gemütlichen Vorstadtgasthaus am Rande von Graz, im Extrazimmer einen Jägerstammtisch. Dort versammelte sich ziemlich regelmäßig (also so gut wie an jedem Tag der Woche) ein Grüppchen von Jägern, die in Wald und Flur rund um die Landeshauptstadt unterschiedliche und meist eher bescheidene Jagdmöglichkeiten nutzten. Ab und zu gab es natürlich auch etwas Neues und vielleicht auch Aufregendes zu besprechen, die bei Weitem überwiegende Anzahl dieser Sitzungen musste aber ohne Neuigkeiten auskommen, sodass man wohl sagen darf, dass auch zuweilen die Langeweile mit am Tisch saß. Na ja, wenn der Franz dabei war, gab es ab und zu eine jagdliche Geschichte zu hören, die er irgendwo aufgeschnappt oder gelesen hatte oder sich aus den Fingern sog. Mit dem Wahrheitsgehalt nahm er es nicht so genau, und wenn er seine Zuhörer dann zum vierten Mal in einem Monat mit derselben Geschichte strapazierte, machte sich murrende Unruhe unter den Jägern breit. Aber besser als gar nichts war es allemal.

Der Schorsch kam auch ab und zu vorbei. Er war einer, der schon ein relativ großes Revier unter seinen Fittichen und so viele Rehe auf seinem Abschussplan hatte, dass er in der Lage war, auch dann und wann eine Rehbockeinladung aussprechen zu können, meist im Abtausch mit einer Wildsau. Er kam ziemlich großspurig daher, nicht nur wegen seines stattlichen Anwesens in der Nähe der Stadt, sondern vor allem auch wegen der Tatsache, dass er erstaunlich viele beste Beziehungen zu wirklich interessanten Jägerkreisen pflegte, also solchen, die etwa in Ungarn eine Großjagd in Pacht hatten oder im Tirolerischen eine Gamsjagd oder in der Obersteiermark eine riesige Eigenjagd besaßen. Und er war außerdem ein ausgesprochen umgänglicher, freundlicher Mensch, so einer hatte keine Feinde, sondern nur Freunde. Der Schorsch war auch immer wieder einmal für eine Überraschung gut.

An einem trüben Novembersonntag, an dem der Stammtisch besonders gut besucht war, erschien der Schorsch mit einer noch ziemlich jungen, äußerst attraktiven Dame beim Schneiderwirt, beide in ausgesucht feinen jagdlichen Loden gekleidet. Er stellte sie als Karoline Bergmann, geborene von Mühlenbach, vor. Sie stamme aus einem traditionsreichen Hause im Weinbaugebiet an der Mosel, wäre von Kind auf mit dem jagdlichen Fieber infiziert, und auch die Heirat mit einem Grazer Rechtsanwalt, der gar nichts anfangen könne mit der Jagd, hätte die Wallungen ihres jagdlichen Blutes nicht zum Stillstand gebracht. Nichts auf der Welt wünsche sie sich also mehr, als in den erlauchten Kreis der Jäger aufgenommen zu werden.

Das erregte natürlich ordentliches Aufsehen, Skepsis und verstohlene Freude darüber hielten sich etwa die Waage. Skeptisch waren vor allem die älteren Weidmänner, weil damals Frauen unter den Jägern noch keinen ernsthaften Platz hatten und bestenfalls als Schmuckwerk betrachtet wurden. Eine gewisse

Freude machte sich aber unter den jüngeren breit, weil nicht zu leugnen war, dass die Dame ein höchst attraktiver Aufputz für die Runde war. Und nachdem der Jäger ja im Unterschied zum Birkhahn das ganze Jahr über in der Lage ist zu balzen, ließen die ersten zaghaften Imponierversuche nicht sehr lange auf sich warten – da und dort hörte man bereits recht deutlich das Rauschen und Rodeln der aufgeregten Männerwelt.

Doch das war es gar nicht, was die reizende Dame beabsichtigte. Jedenfalls nicht bewusst, und nicht in erster Linie. Es stellte sich auf jeden Fall nach recht kurzer Zeit heraus, dass die fesche Jägerin auch unwahrscheinlich gesellig war und sich bei der Jagerei gar nicht so schlecht auskannte. Nach dem ersten durchzechten Abend, an dem sie sich außerdem überraschend trinkfest zeigte, nannten sie alle freundschaftlich „Karo", und sie hatte zwei Rehbock-Einladungen, eine auf eine Wildsau und drei weitere für herbstliche Treibjagden in der Tasche. Das war auch für so eine hübsche Dame allerhand.

Am darauffolgenden Wochenende brachte der Schorsch zwei weitere neue Gäste mit zum Stammtisch. Der eine war der Albert und der andere der Hans. Zwei Männer in den besten Jahren, gut gekleidet, zurückhaltend und beinahe ein bisschen vornehm im Auftreten. Und von besonderem Interesse war, dass der Albert Besitzer einer großen Gebirgsjagd im Obersteirischen war. Karo fand Albert sehr sympathisch, Albert fand Karo sehr anziehend, und nach ein paar gemeinsamen Abenden am Stammtisch beim Schneiderwirt war die logische Folge eine Einladung für Karo zur Birkhahnjagd im Frühjahr in der Eigenjagd von Albert. Schorsch war sozusagen der Pate dieser jagdlichen Verstrickung.

Karo kam dann im Laufe des Winters nicht mehr so oft zum Schneiderwirt, schließlich hatte sie ja auch andere gesellschaftliche Verpflichtungen, und das Erreichte war ihr fürs Erste auch genug. So zog allmählich das Frühjahr ins Land und vor allen anderen Einladungen war jetzt die Birkhahnjagd zu planen. Ganz einfach war das nicht, waren doch alle Beteiligten in wichtigen Berufen beschäftigt, und die Terminpläne mussten koordiniert werden. Natürlich wollten auch der Schorsch als Pate und der Hans als treuer Freund und Helfer nicht fehlen und mitfahren „hinauf auf den Tauern", wie diese Gegend genannt wurde, wenn die fesche Jägerin Karoline auf den kleinen Hahn ging. Das erste Wochenende im Mai war also rot angestrichen in den Terminkalendern. Am Freitagnachmittag traf sich die jagdliche Fahrgemeinschaft und startete das Unternehmen Birkhahnjagd, ohne freilich im Entferntesten zu ahnen, was da auf sie zukam.

Für Albert und Hans, die meist gemeinsam auf die Alm fuhren, hatte es sich so eingebürgert, dass die erste Station am Tauern immer der Postwirt war. Dort waren Senior- und Junior-Wirt Jäger, und natürlich traf man auch am Stammtisch im Stüberl stets auf solche, sodass hier so eine Art jagdliche Einstimmung stattfand, bevor man sich in die Wildnis der Berge hinaufbegab. Diesmal saßen zufällig die Brüder Friedl und Viktor da, Friedl war der Besitzer der Nachbarjagd von Albert. Darüber hinaus hockte natürlich – so gut wie immer – der Sepp da und noch zwei oder drei stille Zecher. Karo und Schorsch wurden vorgestellt, und man saß bald gemütlich beisammen und erzählte sich dies und das, es dauerte länger als geplant, denn eine fesche Jägerin sorgte auch beim Postwirt gehörig für Aufsehen. Dann mahnte Albert aber doch zum Aufbruch, man musste schließlich noch das Jagdhaus auf der Alm erreichen, und es war nicht gewiss, ob der Fahrweg dorthin schon vollkommen schneefrei war. Ein aufmunterndes „Weidmannsheil" von den Jägern im Gasthaus nahmen sie mit auf den Weg.

Am Sonntagvormittag waren sie wieder da, der alte Postwirt kam ihnen schon entgegen und fragte hoffnungsvoll: „Wo is da Hauhn?", aber die langen Gesichter gaben bereits die Antwort. „Na jo, is nächste Moi passt's sicher!", tröstete er die vier leicht verzagten Birkhahnjäger. Karoline war aber trotzdem guter Dinge, hatte sie doch schon wieder einige vielversprechende neue Freunde kennengelernt, und lud den Schorsch, den Albert und den Hans zum Mittagessen ein. Für das nächste Wochenende sagten sie ihr Kommen auf jeden Fall zu, sie würden auch wieder kurz beim Postwirt vorbeischauen, versprachen sie.

Freitagnachmittag. Der Stammtisch beim Postwirt war erstaunlich gut besucht. Und das jagdliche Kleeblatt erschien wie versprochen. Karoline war die einzige Frau unter gut und gerne fünfzehn gestandenen Mannsbildern, die um die hübsche Jägerin herumschwänzelten, dass es eine Freude war. An ein Weiterkommen war nicht zu denken. Karo verbrüderte sich mit jedem einzelnen Gebirgsjäger, und es wurde ein feuchtfröhlicher Abend. Der frühmorgendliche Aufstieg in stockfinsterer Nacht zum Balzplatz der Spielhähne war aber eindeutig gefährdet. Und so kam es, dass die Hahnenjäger am nächsten Tag wieder unverrichteter Dinge zurückkamen, diesmal mussten sie aus irgendwelchen Gründen schon am Samstag zurück in die Hauptstadt fahren.

Dass es dem Albert aber Ernst war mit seiner Einladung auf den Birkhahn, sah man zum Beispiel auch daran, dass er in der folgenden Woche sogar am Mittwoch mit Karoline auf die Alm fuhr, um am Donnerstag auf den Hahn zu gehen – zwar nicht, ohne beim Postwirt einzukehren, aber mit wesentlich kürzerem Aufenthalt. Trotzdem, am nächsten Tag kamen sie wieder ohne Hahn zurück und mussten schleunigst nach Graz fahren, weil ja die Arbeit wartete.

Am Freitag gestaltete sich die Sache wieder ähnlich wie eine Woche zuvor. Beim Postwirt erwartete ein bestens gefüllter Stammtisch die Ankunft der Städter, und wieder hob sich die Stimmung gar gewaltig, als Karoline bei der Tür hereinkam. Friedl und Viktor vom Nachbarrevier waren auch wieder da, und es erwies sich, dass Karo auch eine ausgezeichnete Sängerin war. Mit Friedl im Duett gelangen bald die herrlichsten Volks- und Jägerlieder, deren Texte die fröhliche Karo zwar nicht kannte, deren Melodie sie aber nach dem ersten Hören mühelos mitsingen konnte. Erst sehr spät am Abend machten sich die Hahnenjäger wieder auf. Der Schorsch war derjenige, der dem Konsum von Bier und Schnaps entsagt hatte und den Chauffeur spielte, um die illustre Runde mit dem Auto sicher zum Jagdhaus hoch oben auf der Alm kutschieren zu können.

Am Sonntag gegen Mittag kamen die vier Jäger wieder ohne Birkhahn zurück. Man muss dazu vielleicht jetzt einmal sagen, dass der Weg zum Balzplatz der Spielhähne zwar beschwerlich sein kann, die Jagd selbst ist aber eigentlich keine große Kunst. Denn sind einmal Hahnen bestätigt, dann fallen diese ziemlich verlässlich jeden Tag am gleichen Platz ein. Ein vorher errichteter Schirm in der Nähe dient üblicherweise als Deckung, und von hier aus kann ein Birkhahn im Normalfall ohne größeren Aufwand erlegt werden. Da kann es schon sein, dass es einmal verzwickt zugeht, aber dass nach sechs Ansitzen kein Hahn zur Strecke gebracht wurde, war schon ein wenig ungewöhnlich. Daher fragte der Postwirt ein bisschen spöttisch: „Wos is lous, hobts ihr koane Hauhnen obm auf da Olm?“ Albert musste ziemlich kleinlaut zugeben, dass es tatsächlich nicht sehr gut bestellt war mit dem Hahnenbestand und dass die wenigen jedes Mal auf einem anderen Schneeflecken zu balzen begännen.

Auch das folgende Wochenende wurde also jagdlich verplant und der Freitagabend verlief wie gehabt, obwohl diesmal Albert auf der Fahrt von Graz hinauf in die Obersteiermark vorgeschlagen hatte, vielleicht einmal beim Postwirt vorbeizufahren! Das kam bei Karo gar nicht gut an, und auch der Schorsch und der Hans hatten großen Gefallen an diesen geselligen Abenden gefunden, sodass diese Idee schnell verworfen war. Und bei

Wein, Bier, Schnaps und Gesang entstanden allmählich herzhafte Freundschaften. Karo war freilich auch zunehmend damit beschäftigt, sich einige allzu stürmische Bewunderer vom Leibe zu halten und die Grenzen der Freundschaft zu definieren. Einfach war das nicht. Ein bisschen entstand auch der Eindruck, dass Schorsch den Kavalier und Hüter des Anstands – oder besser gesagt des Abstands – spielte, mit seiner souveränen, besonnenen Art nahm man ihm diese Rolle durchaus ab. Und er war außerdem der einzige, der auch den Ehemann der umworbenen Jägerin kannte und möglicherweise wusste, was demjenigen geblüht hätte, der der Dame tatsächlich zu nahe gekommen wäre.

Am Sonntag zu Mittag saßen die Hahnenjäger wieder beim Postwirt und zogen eine aus jagdlicher Sicht ernüchternde Bilanz: Fünfmal heraufgefahren von Graz, immerhin jedes Mal 120 km für eine Strecke, acht mehr oder weniger ambitionierte Aufmärsche zum Balzplatz der Birkhähne, keinen Hahn geschossen. Auf der Habenseite mochte man einige sehr lustige Abende und neu entstandene Freundschaften verbuchen, am Ergebnis änderte das nichts, entsprechend kleinlaut saßen sie da und verspeisten ihr Schnitzel.

Es ist nicht ganz sicher, ob es Zufall war, aber jedenfalls erschienen an diesem Sonntag zu Mittag auch Friedl und Viktor, um beim Postwirt eine kleine Stärkung zu sich zu nehmen. Sie trafen auf das Häufchen Elend, das die vier Grazer darstellten. Es war wirklich zum Gotterbarmen. Nachdem sie die Sache nun von allen Seiten ausführlich beleuchtet hatten, erlöste Friedl die Jägerrunde mit einem Angebot zur Güte: „Woaßt wos, Karo", richtete er sich bedächtig an die hoffnungsvolle Hahnenjägerin, die auch er inzwischen ins Herz geschlossen hatte, „neixts Joahr schieaßt dein Hauhn ba uns auf da Olm, ban Oberhausa haum ma in kloan Hauhn oiwöi nou kriag." Das kam unerwartet. Karoline bekam feuchte Augen. Sie fiel dem Friedl um den Hals und wollte gar nicht mehr aufhören, sich zu bedanken. Und auf diese Weise bekam die ganze Geschichte eine Fortsetzung verpasst, die eigentlich niemand mehr erwartet hatte. Und das festigte gewissermaßen die in feuchtfröhlicher Runde entstandenen Freundschaften.

Im Sommer kam Karoline sogar einmal mit ihrem Ehemann Erwin daher, die jagdliche Runde, angereichert von weiteren Grazer Freunden, dem Kurt und der Hilde zum Beispiel, fand sich wieder beim Postwirt ein. Zur allgemeinen Erleichterung war auch der Erwin ein äußerst geselliger, trinkfester und auch musikalischer Zeitgenosse. Einem ausgelassenen Gelage stand nichts im Wege, der Postwirt spielte mit der Harmonika, der Kurt mit der Teufelsgeige und Friedl, Karo und ihr Mann Erwin sangen sich die Seele aus dem Leib. Es war, als hätten die Leute oben auf dem Tauern überhaupt nichts anderes zu tun als die ganze Zeit über nur feiern.

Im Mai des folgenden Jahres ging es wieder los mit der Jagd auf den Spielhahn, diesmal auf der Alm vom Oberhauser. Beim ersten Mal wurde Karoline von Friedl angeführt, und der Schorsch war wie immer auch dabei. Es klappte wieder nicht auf Anhieb. Friedl, der beruflich nicht so ohne weiteres abkömmlich war, gab die Erlaubnis, dass Schorsch und Karo auch alleine gehen könnten, jetzt, wo sie sich schon ein bisschen auskannten auf der Alm. Das taten sie dann auch. Sie reisten aus Graz an, kehrten beim Postwirt ein, wo immer irgendwer da war, mit dem ein fröhlicher Abend zu verbringen war, nahmen sich ein Zimmer, gingen in der Früh auf den Hahn und fuhren am Vormittag wieder nach Graz. Beim ersten Mal nahmen sie sich zwei Einzelzimmer, beim zweiten Mal tat es auch ein Doppelzimmer, und einmal war tatsächlich nur noch ein Einzelzimmer frei, das reichte ihnen dann auch zum Übernachten, Schorsch war außerdem über den Verdacht erhaben, seiner Schutzbefohlenen zu nahe kommen zu wollen. Das ging den ganzen Mai so dahin.

Ein paar Jahre später saß die jagdliche Runde wieder einmal beisammen beim Postwirt und redete über dies und das. Karoline hatte inzwischen ihren Wohnsitz geändert, man hatte sich aus den Augen verloren. An die vielen lustigen Abende dachten aber alle noch gerne zurück, man frischte die gemeinsamen Erinnerungen ein bisschen auf, und der eine oder andere bekam glasige Augen. Nur an eines konnten sich scheinbar allesamt nicht mehr ganz genau erinnern, und Kurt fragte schließlich in die Runde: „Sogts amoi, hot die Karo daumois eigentlich übahaupt an Hauhn gschossn?"

Vierundzwanzig Stunden

An einem trüben Sonntagvormittag im Herbst, es war Ende der 1980er-Jahre, saßen wie üblich nach der Sonntagsmesse ein paar Leute am Stammtisch beim Bruckenwirt und besprachen dies und das. An diesem Tag waren die Jäger in der Überzahl, sodass sehr bald ihr liebster Zeitvertreib zur Sprache kam. Wie meist bei solchen Gelegenheiten hing über dem Stammtisch nicht nur eine dichte Wolke aus Bierdunst und Tabakqualm, sondern auch der unheilige Ernst dieses schicksalhaften Themas. Nur der Bartlbauer, der selbst kein Jäger war, sorgte mit seinen üblichen spöttischen Sticheleien für ein wenig Humor am Tisch. Es bereitete ihm geradezu diabolische Freude, die Jäger ein bisschen zu hänseln. Er konnte sich das leisten, weil er doch fast von jedem zumindest eine unrühmliche Geschichte zu erzählen gewusst hätte und somit ausreichend Faustpfand in der Hand hatte.

Nach dem zweiten oder dritten Bier lockerte sich die Atmosphäre zunehmend, da fiel dann dem Michel eine Geschichte ein, die, sagen wir einmal, leicht übertrieben war. Und das brachte den Sepp auf die Idee, seine Geschichte vom Gamsjagern zu erzählen, die ebenfalls nicht ganz den Tatsachen entsprach, aber immer wieder zur Erheiterung einer Tischgesellschaft beizutragen imstande war. Und bekanntlich ist das Jägerlatein eine zumindest inoffiziell anerkannte Umgangssprache in solchen

Kreisen, deshalb sind etwaige Ungenauigkeiten in diesen Geschichten straffrei.

Hans, der Fleischermeister aus dem Nachbardorf war ebenfalls hier, auch er war ein begeisterter Jäger, an diesem Sonntag hatte er aber etwas Besonderes auf dem Herzen. Er bat den Bruckenwirt an den Tisch und zog ihn ins Vertrauen: „Wastl", raunte er ihm zu, „i muass di wos frogn. Mei Schwoga, woaßt eh, da Ivo, der in Deitschlaund is, der hot an guatn Freind, und der tat gern an großn Hauhn schieaßn, wia schauts aus, host du dein Hauhn nächsts Johr noch frei?"

Der Bruckenwirt kratzte sich am Hinterkopf und überlegte ein Weilchen. Dann gab er zur Antwort: „Bis hiaz haun i'n nou koan vasprochn, aber i sog da glei, büllig wird deis neit, es is a murds Griss um die Hauhnen momentan!"

„Na deis spült jo koa Rolle, dei haum eh gnua Göd, oiso wia schauts aus, kunnt ma 'n hobn? Daun ruafat i mein Schwoga heit nou aun!"

Nach einem kurzen Hin und Her waren sich die beiden Männer einig, der Bruckenwirt wusste ja, dass er sich auf das Wort seines Fleischhauers verlassen konnte, und sie schlugen ein. Über den Preis wurde nicht verhandelt, das sollte der Ivo dann machen.

Am nächsten Tag war Ivo schon am Telefon. Ob das denn tatsächlich klappen würde, fragte er den Bruckenwirt und zeigte sich sehr erfreut, als er die Bestätigung bekam. Auch über den Preis wurden sie sich sehr schnell einig. Es stimmte, was der Wastl gesagt hatte, es war wirklich ein Geriss um die Auerhähne, denn in Deutschland durften sie nicht mehr bejagt werden, und auch in Österreich gab es bereits da und dort Beschränkungen. Also war es ein Batzen Geld, der auf den Tisch gelegt werden musste, denn die Nachfrage bestimmte den Preis. Aber der Dr. Müller hätte eine gut gehende Anwaltskanzlei in Hamburg, da müsste sich der Wastl keine Sorgen machen, versicherte ihm Ivo.

Freilich gefällt es nicht allen Grünröcken in den steirischen Bergen, dass mit Auerhahnabschüssen Geschäfte gemacht werden. Aber in größeren Jagden hat sich das längst eingebürgert, und ohne großen Aufwand bekommt man Preislisten für den Abschuss von Rehbock, Hirsch, Gams, Auerhahn usw. Schließlich ist die Jagd längst in der freien Marktwirtschaft angekommen und stellt für manche Jagdpächter und Eigenjagdbesitzer einen nicht unwesentlichen Teil ihres Einkommens dar. Und warum sollen nicht auch kleinere Jagden Erlöse aus einer Abschussvergabe erzielen, um diese für Hege und Revierpflege herzunehmen? Nicht wenige der Jäger, die darüber die Nase rümpfen, fahren dann in der Herbstbrunft nach Ungarn, um dort einen Hirsch zu erlegen, dessen Preis sich aus dem Geweihgewicht des erlegten Recken errechnet.

Im Mai des folgenden Jahres war es dann so weit. Ivo kündigte den Hahnjäger an, Dr. Müller würde am 5. Mai spätabends am Flughafen Salzburg ankommen, ob es denn möglich wäre, ihn von dort abzuholen. Selbstverständlich, der Bruckenwirt hatte für solche Fälle einen verlässlichen Nachbarn, den Fredl, den er jederzeit bitten konnte, solche Transfers für ihn zu übernehmen. Fredl spielte also wieder einmal Taxi, setzte sich ans Steuer des dunkelbraunen Mercedes vom Bruckenwirt und brauste nach Salzburg. Um 8 Uhr abends sollte der Flieger aus Hamburg landen. Alles lief planmäßig ab, die beiden erkannten sich an einem vereinbarten Schildchen, und gegen 23 Uhr kamen sie beim Bruckenwirt an. Dr. Müller war ein dynamischer, schlanker Mann in den besten Jahren, von dem Wastl annahm, dass für ihn der körperliche Einsatz, der für die Hahnenjagd erforderlich war, kein Problem darstellen würde. Daher fragte er den gerade angekommenen Gast auch frisch heraus, ob er denn gleich in der Früh bereit wäre, auf den Hahn zu gehen, Abmarsch vom Haus wäre um 2 Uhr. „Ja klar", meinte Herr Dr. Müller, er wäre bereit und würde es vorziehen, gar nicht ins Bett zu gehen, denn mit zwei Stunden Schlaf könnte er nichts anfangen, da bliebe er lieber gleich auf den Beinen. „Von mir aus“, raunte der Wastl vor sich hin, stellte ihm noch ein Schinkenbrot auf den Tisch und ging schlafen. Um 2 Uhr stand Wastl wieder auf. Dr. Müller war inzwischen jagdlich gekleidet, seine Ausrüstung schien tadellos zu sein, sodass die beiden aufbrachen, ohne viele Worte zu verlieren.

Wastl wusste sehr genau, wohin er gehen musste und unter welchen Baum er sich setzen wollte, um den Beginn der Balz abzuwarten. Das Firmament lichtete sich allmählich, die mächtigen Lärchen zeichneten sich langsam davor ab. Da fielen zwei Hähne fast gleichzeitig in gut hörbarer Distanz ein, auch einen dritten konnte man etwas weiter unten noch hören. Das Anspringen dauerte keine zehn Minuten, und die beiden Jäger standen unter einem geradezu ekstatisch balzenden Auerhahn. Der Schuss aus dem Gewehr des Hamburger Rechtsanwaltes beendete das Spektakel, der Hahn fiel wie ein Stein zu Boden, eine Zeit lang war es totenstill im schütteren Lärchenwald. Wastl steckte dem Auerhahn den letzten Bissen in den Brocker, dem Jäger reichte er mit einem kräftigen „Weidmannsheil“ den Beutebruch, den sich dieser etwas ungelenk an den Hut steckte. Und dann hob er seinen Kopf, der Herr Doktor, und Wastl sah seinen verwundert wirkenden Blick.

Noch am Vorabend hatte sich Dr. Müller am Flughafen in Hamburg befunden und das Flugzeug nach Salzburg bestiegen. Und jetzt, gerade einmal zehn Stunden später, stand er mitten im urigen Altholzbestand unter den Ausläufern eines mächtigen Gebirgsstockes irgendwo in den steirischen Bergen, ein erbeuteter Auerhahn lag vor seinen Füßen, und der Morgen kroch langsam herein in den gespenstisch anmutenden Hochwald. Der leise vor sich hinsäuselnde kühle Wind fuhr dem Jäger aus der großen Stadt unter seinen nagelneuen, jagdlich grünen Parker, versetzte die Baumriesen um ihn herum in ein behäbiges Wanken und füllte die Waldesstille mit einem sanften Rauschen. Da und dort begann ein Stieglitz zu zwitschern, ein Tannenhäher ließ sein Gekrächze hören und die Meisen stimmten ein ins fröhliche Morgenkonzert. Auf der anderen Seite des Tales, durch die wankenden Bäume schemenhaft zu erkennen, erhob sich ein weiteres Bergmassiv aus dem schimmernden Morgennebel, auf den sich kühn in die Höhe reckenden Graten lag noch der Schnee. Und der Himmel über dem dunklen Gebirge verfärbte sich langsam rötlich-orange. Dort würde sich wohl bald die Sonne erheben, dem Tag ihre Strahlen leihen und ihm die Stunden bestimmen, bis sie diesseits des Tales wieder versinken würde.

Herr Müller setzte sich auf einen morschen, moosüberwucherten Baumstamm, Wastl hatte es sich in einer kleinen Mulde bequem gemacht und seine Pfeife gestopft, die er nun gemächlich paffte. Dem Jagdgast schien es, als würde die Kühle des frühen Morgens langsam zurückweichen, hinaufziehen durch den mächtigen Hochwald, als würde eine wohlige Wärme ihn zärtlich umfassen und liebkosen. Er spürte, wie die Spannung seines Körpers entwich, und auch all seine Gedanken an den Schreibtisch in Hamburg und all die ach so wichtigen Gerichtstermine suchten buchstäblich das Weite – sie schienen hinunterzukollern ins nebelverzogene Tal. Der Rechtsanwalt sog die herbe Waldesluft gierig ein. „Es ist unglaublich schön hier!“, flüsterte er zaghaft, als sei er sich nicht ganz sicher, ob ihm hier ein Traum ein Schnippchen schlug oder ob das tatsächlich alles wahr war. Erst die Antwort von Wastl machte es gewiss. „Jo, es gfreit mi, wenns da gfollt!“

Der Bruckenwirt hatte für solche Fälle natürlich auch „geistig“ vorgesorgt, kramte aus seinem Rucksack ein kleines Fläschchen heraus und reichte es seinem Gast: „Do, nimm an Schluck, mia zwoa Jaga san hiaz per Du, i bin da Wastl, Weidmannshaö!“ Ein wenig verdattert griff sich Herr Müller die Flasche, prostete seinem Pirschführer dann aber doch recht beherzt zu und meinte: „Ja, das freut mich, ich bin der Klaus, Weidmannsheil!" Sprach's und nahm einen kräftigen Schluck, der Hochprozentige jagte ihm einen wohligen Schauer über den Rücken. Und selbstverständlich nahm auch der Wastl einen ordentlichen Schluck. Er schmauchte versonnen sein Pfeiferl weiter, viel mehr war nämlich nicht zu besprechen zwischen den beiden Männern. Und am Gesichtsausdruck von Klaus meinte Wastl ablesen zu können, dass dieser gerade der vollkommenen Glückseligkeit sehr nahe war.

Nach angemessener Zeit machten sich die beiden Jäger auf die Socken, der Auerhahn wurde behutsam und respektvoll auf einen schönen Fichtenast drapiert und mit geradezu andächtiger Sorgfalt über den Rucksack von Klaus gebunden, der ihn nun mit stolzgeschwellter Brust zu Tale trug. An der Jagdhütte machten sie noch einmal Rast, für ein Erinnerungsfoto hängten sie den Hahn an die vordere Hüttensäule, dann setzten sie sich noch ein Weilchen auf die Hüttenbank, um dort die herrliche Aussicht zu genießen und ein weiteres Schnapserl aus dem besagten Fläschchen zu trinken. Dann ratterten sie mit dem alten Jeep hinunter ins Dorf. Im Gasthaus stand ein deftiges Frühstück am Tisch, und die beiden ließen es sich schmecken.

Erst bei dieser Gelegenheit ergab sich so etwas wie ein Gespräch. Doch es zeigte sich recht bald, dass eigentlich keiner vom anderen so recht etwas wissen wollte. Das hatte nichts mit fehlender Sympathie zu tun, oh nein, die beiden fanden einander durchaus sympathisch, wenn sie auch sozusagen zwei sehr unterschiedliche Lebensmodelle darstellten. Der eine ein gemütlicher Wirt und begnadeter Jäger in einem steirischen Bergdorf und der andere ein weltmännischer Advokat in der großen Stadt Hamburg. Es hatte damit zu tun, dass sie gerade ein sehr spezielles Jagderlebnis miteinander hatten, und die profanen Dinge, die einen sonst so durch das Leben hetzten, passten so gar nicht hinein in diese geradezu mystische Stimmung, in der sie sich auch beim Verzehren der herrlichen Eierspeise am Frühstückstisch noch befanden. Der verklärte Blick war noch nicht aus den Augen des Jagdgastes verflogen, mit geröteten Wangen und zerzaustem Haar lächelte er Wastl an und sagte: „Bitte kneif mich mal, ich glaube immer noch, ich träume."

Dann stolperte Klaus aber doch in sein Zimmer, fiel hundemüde in sein Bett und schlief wie ein Murmeltier.

Am Nachmittag erschien er wieder in der Gaststube. Und da hatte er sich wieder ganz im Griff. In städtischer, salopper Kleidung, mit dem souveränen und leicht spöttischen Blick des Großstädters stand er da mit seinem gepackten Koffer und teilte Wastl mit, dass sein Flieger am Abend um 19 Uhr ginge. Er bat darum, wieder zum Flughafen gebracht zu werden. Der Mann war wie ausgewechselt. Nichts mehr war zu sehen von seiner freudigen Erregung, fort war der schimmernde Glanz in seinen Augen, seine beinahe greifbare Glückseligkeit, wo war sie, hatte er sie in den Koffer gepackt?

Aus der abendlichen Hahnenfeier, die Wastl eigentlich schon geplant hatte, wurde also nichts. Klaus ließ sich noch zu einer Suppe überreden, dazu trank er ein stilles Mineralwasser, gab sich aufgeräumt und freundlich, bedankte sich artig und distanziert und verabschiedete sich mit großstädtischer Selbstverständlichkeit von den Wirtsleuten. Der Wastl, der ja schon einiges erlebt hatte beim Jagern mit zahlenden Gästen, kam ob dieser doch sehr überraschenden und abrupten Abreise ein wenig ins Grübeln. Am Abend würde der Rechtsanwalt wieder in Hamburg und gerade einmal etwas mehr als vierundzwanzig Stunden unterwegs gewesen sein. In dieser Zeit war er mit dem Flugzeug von Hamburg nach Salzburg geflogen, mit dem Taxi vom Bruckenwirt ins steirische Gebirge gereist, dann in stockfinsterer Nacht zum Balzplatz der Auerhähne gestiegen, hatte einen Auerhahn geschossen, beim Anblick der prächtigen Landschaft im Morgengrauen feuchte Augen bekommen, ein Schnapserl getrunken, ein paar Stunden geschlafen, war dann mit dem Taxi wieder nach Salzburg gereist und mit dem Flugzeug zurück nach Hamburg geflogen. Es war ein Samstag, er war vermutlich niemandem abgegangen, wer weiß, vielleicht hatte nicht einmal seine Frau etwas gewusst von seinem Jagdausflug. Und in ein paar Wochen würden ihn seine engsten Vertrauten im Büro fragen, wo er denn den ausgestopften Vogel her hätte, der über seinem Schreibtisch hängen würde.

Wastl stimmte so etwas immer ein wenig traurig. Er hätte es gern gesehen, wenn der Jagdgast ein paar Tage Zeit gehabt hätte. Er hätte ihm gerne sein Revier gezeigt, vielleicht einmal auf der Hütte mit ihm übernachtet und ihm auf diese Weise seinen Zugang zur Jagd ein bisschen nähergebracht. Denn das war beinahe so etwas wie eine Mission für Wastl, er wollte unbedingt so vielen Menschen wie möglich anschaulich darlegen, was Jagd alles sein kann und was sie auch sein muss, damit es einen Sinn ergibt, dass am Ende als edles Ziel die freudvolle Erlegung eines Stückes Wild steht.

Nach einigen Wochen, nachdem das Auerhahn-Präparat wie vereinbart nach Deutschland geschickt worden war, bekam Wastl aber doch noch einmal Post von Klaus. Er würde sich gerne noch einmal sehr herzlich bedanken, schrieb Klaus, der Auerhahn bereite ihm eine riesige Freude. Und diesen jagdlichen Morgen im steirischen Gebirge mit ihm, dem Wastl, den würde er wohl ganz sicher nie mehr vergessen. Es wäre bei Weitem das schönste Jagderlebnis in seinem Leben gewesen. Da erinnerte sich Wastl noch einmal für kurze Zeit an das selige Leuchten in den Augen des Hamburger Advokaten, als er im Lärchenwald stand und der Hahn zu seinen Füßen lag, und verzieh ihm in St. Hubertus Namen seine überstürzte Abreise.

Die Wilderer von der Schinderleiten

Im kleinen Tischherd knisterte das Birkenholzfeuer und verbreitete wohlige Wärme, es roch nach deftigem Speck, dunklem Bauernbrot, schwarzem Tee und Schnaps. Es dampfte und stank auch ein bisschen nach Schweiß. Eine rauchende Petroleumlampe und zwei, drei Wachskerzen spendeten spärliches Licht. Der 8-jährige Franzi saß mit seinem Vater und dem Jäger Sepp in der Jagdhütte, dem Kristallisationspunkt aller jagdlichen Riten und Mythen, Rückzugsrefugium wahrer Männlichkeit und umwuchert von wilden Geschichten von der Jagd. Franzi war dieser rauen, archaischen Romantik äußerst zugetan, sie beflügelte seine Phantasie. Die erstaunlichsten jagdlichen Erzählungen und Ausschmückungen seines Vaters hat er nicht nur geglaubt, sondern sehr oft in seinem kleinen Kopferl weitergesponnen, um sich selbst zu einem Teil der Geschichte zu machen. Die Jagd war für Franzi ein sagenumwobenes Abenteuer, vom Vater außerdem mit solcher Passion und Selbstverständlichkeit ausgeübt, da gab es kein Entrinnen, dem wollte er sich stellen.

Und an jenem Tag, es war der erste Samstag im Mai eines Jahres, in dem der Frühling den Schnee des Winters schon weit hinauf auf die Almen zurückgedrängt hatte, sollte der kleine Franzi zum ersten Mal mit zur Birkhahnbalz! Sein kleines Jägerherz bebte, als sein Vater ihm dieses Versprechen gab. Und jetzt saß er zwischen den beiden knorrigen Jägersmännern mit ihren speckigen Lederhosen und lauschte ihren unglaublichen Geschichten mit weit aufgesperrten Ohren und offenem Mund! Auf der Hütte! In einer anderen Welt! Unendlich weit weg von allem! Die beiden Männer gönnten sich einige Häferln Tee mit ordentlich Schnaps drin, rauchten Pfeife und sprachen Latein – Jägerlatein! Es war, als würden sich die Balken der alten Hütte biegen. Franzi lauschte den schaurigen Geschichten, in denen sich heldenhafte Jäger den bösen Wilderern in den Weg stellten und anderen Aufschneidereien mit großer Begeisterung, sank aber bald in sein Strohbettchen und entschwand ins Reich der Träume.

Doch die Nacht war kurz, um halb 2 Uhr rasselte der Wecker, und die Hahnenjäger krochen aus ihren Liegestätten in der inzwischen ausgekühlten und schändlich stinkenden Hütte. Ein wenig Tee vom Abend war noch übrig, den schlürften die Männer, Franzi bekam ein Stück Schokolade. Der Vater und Sepp stiegen in ihre bocksteifen Krachledernen, Franzi musste seine noch etwas klamme Leinenhose finden, er zitterte am ganzen Leib, ihm war kalt, und er war unendlich aufgeregt. Bereits in der Hütte wurde kein lautes Wort mehr gesprochen, das Nötigste wurde geflüstert. Auf dem Weg und selbstverständlich dann im Schirm dürfe keinesfalls mehr gesprochen werden, man müsse sich unbedingt so leise wie möglich bewegen, wurde dem kleinen Buben nachdrücklich eingeschärft. Franzi lauschte andächtig und schlotterte vor sich hin. Der Vater löschte die Kerze aus und trat aus der Hütte, Sepp und Franzi folgten ihm.

Es war stockfinstere, kohlrabenschwarze Nacht. Nichts zu sehen, kein Mond, keine Sterne. Und es war grimmig kalt. Franzi bekam es mit der Angst zu tun. Wie um alles in der Welt sollten die Jäger zu den Birkhähnen finden, man konnte die Hand nicht vor den Augen sehen! Der Vater knipste eine Taschenlampe an, den spärlichen Schein richtete er stets mit größter Sorgfalt zu

Boden, um nur ja nicht von ferne schon gesehen zu werden, von wem oder was auch immer. 1 ½ Stunden Aufstieg zum Birkhahnplatz standen bevor. Der kleine Bub heftete sich an die Fersen seines Vaters, Sepp ging bedächtig schnaubend ohne Lampe hinterher. Am Anfang ging das nicht besonders gut. Franzi stolperte über jede Wurzel, der Jägerstock, den ihm sein Vater in die Hand gedrückt hatte, war ihm äußerst hinderlich, aber natürlich wagte er nicht, ihn einfach wegzuwerfen. So quälte er sich durch die undurchdringliche Dunkelheit, nur langsam wurde ihm ein wenig wärmer. Allmählich gewöhnten sich auch seine Augen an die Nacht, dann wurde es besser. Er ließ keinen Meter Abstand entstehen zwischen den Fersen seines Vaters und seinen Zehenspitzen.

Der Weg führte zunächst mäßig ansteigend durch den Hochwald, die mächtigen Fichten rauschten im Wind, nichts war zu sehen, nur der schwache Schein von Vaters Taschenlampe. Dann wurde der Wald lichter, die Äste schlugen einem nicht mehr ins Gesicht. Das änderte zwar nichts an der Dunkelheit, aber – den Blick gegen das Firmament gerichtet, meinte Franzi da und dort bereits die Umrisse der riesigen Bäume zu erkennen.

Der Vater vorne und auch der Sepp hinten setzten ihre Schritte mit einer penetranten Gleichmäßigkeit. Der Hang wurde steiler, das Tempo blieb gleich. Das Herz des 8-jährigen Buben begann zu fliegen. Und dann hörte er es zum ersten Mal – ein dumpfes Klopfen, undeutlich, und ein Ächzen, vom säuselnden Wind an sein Ohr getragen. Eine Zeit lang Ruhe. Nur das Keuchen und Schnauben vom Sepp. Dann wieder, einige hämmernde Geräusche, unregelmäßig, einmal lauter, dann wieder kaum zu hören. Die beiden Männer nahmen keine Notiz davon. Franzi blickte sich um. Gegen den Himmel konnte er die mächtigen Fichten schwanken sehen, es war noch immer verdammt dunkel. Die beiden Männer stapften unbeirrt weiter, der Bub musste Schritt halten, und seine Beine waren erheblich kürzer als die der Erwachsenen.

Doch das Klopfen hörte nicht auf. Endlich blieb der Vater einmal stehen, um ein wenig zu verschnaufen. Da meinte Franzi auf einem der Bäume eine Gestalt zu erkennen, eine menschliche Gestalt, die sich dort zu schaffen machte und gegen den Stamm hämmerte, ja, daher könnten die Geräusche kommen! Bald erspähte er weitere Gestalten, die in halsbrecherischer Höhe herumturnten, sie hatten Hämmer oder Hacken in den Händen und schlugen gegen die Bäume, die immer heftiger schwankten. Der Vater würdigte sie keines Blickes, überhaupt schien es Franzi, als würde er sie gar nicht bemerken. Mit dem Zeigefinger am Mund erinnerte er seinen Sohn noch einmal daran, still zu sein und stapfte weiter.

Für Franzi war bald klar, dass es sich da nur um Wilderer handeln konnte, die im Schutz der Dunkelheit ihre Hochsitze in die schwindelerregend hohen Baumkronen bauten. Und wenn die Jäger wieder im Tal wären, würden sie ihre frevelhafte Jagd beginnen und alles niederschießen, was ihnen vor die Büchse käme! Immer wieder hörte er sie klopfen, und der Vater bemerkte nichts, wie war das möglich? Er drehte sich zu Sepp herum, aber auch der schien nichts Ungewöhnliches zu hören oder zu sehen. Wie gibt es denn so etwas?! Da werken böse Wilderer vor ihren Augen und Ohren, und die Jäger bemerken es gar nicht! Franzi war verstört, doch er wagte es nicht, auf seine Beobachtung aufmerksam zu machen, schließlich war strengstes Stillschweigen verordnet.

Die Geräusche wurden undeutlicher und versiegten schließlich. Die Jäger kamen über die Baumgrenze hinaus, mit schlafwandlerischer Sicherheit führte der Vater sie zum vorbereiteten Schirm, in dem sie sich nun verkriechen sollten und von dem aus sie die Balz der Birkhähne bestaunen wollten. Die beiden Männer entblößten ihre Oberkörper, um sich frische Hemden überzuziehen, auch Franzi musste das machen, dann packten sie sich in ihre Lodenmäntel, zogen sich warme Mützen über den Kopf und kuschelten sich in den engen Schirm, Franzi nahmen sie in die Mitte.

Der Vater döste vor sich hin. Franzi war fassungslos. Da unten im Hochwald zimmerten sich die Wildschützen ihre Hochstände, und keinen schien das zu beeindrucken! Die Kälte kroch dem Buben allmählich über den Rücken, er begann zu schlottern, Vater legte ihm seinen Arm über die Schulter, und langsam lichtete sich der Himmel.

Tsch-sch – tsch-sch. Der erste Birkhahn war eingefallen. Mit freiem Auge noch kaum auszumachen, tänzelte auf einem kleinen Schneefeld vor ihnen ein schwarzes Knäuel auf und ab und gab höchst seltsame Geräusche von sich. Der Vater hatte Franzi natürlich eingestimmt auf diesen Morgen und das Rauschen und Rodeln des kleinen Hahnes bereits am Abend in der Hütte nachgeahmt, so gut es halt ging. Der wirkliche Balzgesang dieser kleinen Ritter überraschte den Buben aber doch sehr. Als zwei weitere Hahnen auf dem Schneefeld erschienen, wurde auch das Licht besser. Franzi kam aus dem Staunen nicht mehr heraus: Er sah, wie sich die balzenden Hahnen nun aufplusterten und aufeinander losgingen und vergaß für einige Zeit alles um sich herum, die Zeit, die grimmige Kälte, den schweißtreibenden Aufstieg in der bedrohlichen Dunkelheit und freilich auch seine Wilderer im Hochwald. Ein wahres Spektakel, er war restlos begeistert.

Schließlich verstummte ein Hahn nach dem anderen, schien seine Federn ein wenig zu ordnen und strich ab. Und wenig später blinzelte auch schon die Sonne über den gegenüberliegenden Bergrücken, der Wind hatte sich gelegt, und die drei Jäger krochen aus ihrem Versteck. Franzi konnte den Blick nicht von dem Schneefeld lassen, wo gerade noch ein grandioses Schauspiel im mystischen Licht der Dämmerung stattgefunden hatte. Jetzt war die Bühne kahl und leer, fröstelnd rieb er sich die Augen.

Der Vater kramte eine Thermoskanne aus seinem Rucksack und reichte jedem einen Schluck Tee, er war nur noch lauwarm.

Dann machten sie sich fertig zum Abstieg. Franzi kamen seine Wilderer wieder in den Sinn. Kein Wort, keine Geste, die darauf hindeutete, dass die beiden Jäger etwas davon bemerkt hätten. Franzi wagte es nicht, danach zu fragen. Also stapfte er seinem Vater nach, noch immer ganz benommen vom Zauber der Birkhahnbalz. Wie anders sah doch der Hang aus, den sie vor zwei, drei Stunden in der Dunkelheit keuchend aufwärts gestiegen waren, es war kaum zu fassen. Und die mächtigen Bäume, auf denen Franzi die Wilderer gesehen hatte, wo waren sie? Die lausigen Krüppelfichten konnten es nicht sein. Weiter unten wurden die Bäume höher, bald tauchten sie wieder in den Hochwald ein, doch es war kein einziger Hochsitz zu erblicken, auch kein Klopfen war mehr zu hören und schon gar keine Gestalten zu erkennen.

Die Jause bei der Hütte schmeckte Franzi nicht, er konnte kaum einen Bissen hinunterbringen. Er versuchte, wieder an die Birkhähne oben auf der Schneid zu denken.

Jedes Mal, wenn er in späteren Jahren die sogenannte Schinderleiten hinaufstieg in stockfinsterer Nacht zum kleinen Hahn, musste er an seine Wilderer denken. Aber auch er selbst hat sie nie mehr gesehen oder gehört. Es blieb sein Geheimnis, nie erfuhr auch nur irgendjemand etwas davon.

Volker und Helene

Helene war gerade dabei, die Hühner in ihren Verschlag zu locken und rief mit ihrer hohen, schrillen Stimme ihr „Put - put" über den Hof, variantenreich, einmal lang gezogen und flehentlich, dann wieder kurz ausgestoßen und im Stakkato. Die Viecher reagierten darauf, und mit ein paar Getreidekörnern auf der Hühnerstiege gelang es meist reibungslos, die Tiere in den Stall zu bringen. Da rauschte mit gut und gerne 300 PS der Geländewagen von Hartmut Ackermann herauf über die staubige Schotterstraße und hielt mit tiefem Gebrumme vor ihren Zehenspitzen. „Na, Leni, wie geht's, was machen die Hühner?", fragte Herr Ackermann das schüchterne Mädchen im Vorbeigehen, ein wenig herablassend und ohne eine Antwort zu erwarten. „Der Vater ist hoffentlich zu Hause?" Er kümmerte sich nicht weiter um die Hühnermagd und ging auf das Haus des Jägers Michel zu, dicht hinter ihm sein Sohn Volker, wie üblich mit gelangweilter Miene. Michel saß am Küchentisch und rauchte seine Nachmittagspfeife. „Servus, Michel, und Weidmannsheil!", polterte der Wellpappenfabrikant hinein. „Hier hast du jetzt deinen Jungjäger! Der Volker hat soeben die Jagdprüfung bestanden, und nun kannst du ihn unter deine Fittiche nehmen. Vielleicht wird ja doch ein rechter Weidmann aus meinem verwöhnten Bengel."

„Weidmannsheil", begrüßte der Michel die beiden Männer bedächtig, und zu Volker gewandt meinte er: „Gratulier da zu deiner bestaundenen Prüfung. Hiaz werd ma amol kloa aunfaungan und auf an Knöpfler gehen. Daunn schau ma weita.“ Herr Ackermann pflichtete seinem Jäger bei, während Volker, wie nicht anders zu erwarten, gelangweilt die Augen verdrehte. Die jagdliche Passion des jungen Mannes hielt sich in Grenzen, die Jagdprüfung hatte er wohl mehr oder weniger auf Befehl seines alten Herrn gemacht, und auch die Reise hierher in dieses gottverlassene Kaff in den steirischen Bergen war offensichtlich nicht freiwillig erfolgt. Doch dem erklärten Ziel des Herrn Ackermann, aus seinem Sohn einen wackeren Jäger zu machen, hatte dieser nichts entgegenzusetzen. Wenn ihm sein Vater dereinst die Fabrik vermachen sollte, musste er ihn bei Laune halten. Und dazu gehörte die Ausübung der Jagd in einem steirischen Gebirgsrevier. Punktum.

Volker war ja ein ganz passabler Kerl: Gerade einmal 19 Jahre alt, das Abitur in der Tasche, den Einrückungstermin zur Bundeswehr vor sich und die Jagdprüfung soeben bestanden. Er war der einzige Sohn des Fabrikanten Ackermann, sein Lebensweg war also vorgezeichnet, genau genommen seit seiner Geburt. Herr Ackermann Senior verschwendete keine Zeit damit, darüber nachzudenken, ob dieser von ihm bestimmte Weg auch den Neigungen und Talenten seines Sohnes entsprach. Volker war kein Rebell, er war ein durchschnittlich begabter Junge, der immer gerade so viel arbeitete, wie nötig war, um seine Prüfungen zu schaffen. Er hing im Übrigen oft stundenlang allein in seinem Zimmer herum, zupfte an seiner Gitarre und pflegte wenig Kontakt zu seinen Mitschülern und Altersgenossen. Er trug seine Haare so lang, dass es sein alter Herr gerade noch ertrug, größeren Auseinandersetzungen ging er aus dem Weg. Aber er wusste ja, dass er mit relativ wenig Aufwand ein sorgloses und komfortables Leben vor sich hatte, denn die Fabrik lief prächtig und ermöglichte der Unternehmerfamilie ein feudales Dasein.

Das Nest war gemacht, er brauchte sich nur hineinzusetzen. Den Luxus, romantische Lieder zu singen oder sehnsuchtsvolle oder gar weltverbesserische Gedichte zu schreiben, konnte sich Volker also leisten. Er konnte sich allerdings nicht leisten, seinem Vater die Gefolgschaft bei der Jagd zu verweigern, also tat er, was von ihm verlangt wurde.

In den nächsten Tagen nahm ihn Michel mit auf die Pirsch. Der knorrige Mann mit dem struppigen Vollbart und listig blitzenden, blauen Augen war ein bedächtiger und ausgefuchster Jäger nach altem Schrot und Korn. Selbstverständlich achtete er sorgfältig darauf, dass sein ihm anvertrauter Jungjäger nicht gleich beim ersten Ansitz zu Schuss kam. Ein bisschen Mühe sollte es schon machen, den ersten Rehbock zu erlegen. Am dritten Tag setzten sich die beiden dann hinaus auf die Mooswiese unterhalb vom Forsthaus. Da tänzelte der Knöpfler, den Michel längst gekannt hatte, auch pünktlich heraus aus seinem Einstand, und mit einem sauberen Schuss streckte ihn der Jungjäger Volker in die grüne Wiese.

Im Dorf beim Bärenwirt wurde das erste Weidmannsheil gebührend gefeiert. Zu einem ordentlichen Umtrunk lud Vater Hartmut neben seinem Aufsichtsjäger Michel samt Ehefrau Christl und Tochter Helene noch ein paar Jäger vom Nachbarrevier ein. Volker war das eigentlich ein bisschen peinlich, er sah da noch keinen ausreichenden Grund für eine Feier, nur weil er einen Rehbock getroffen hat. Aber Vater Ackermann sah das anders, außerdem genoss er es immer wieder aufs Neue, in dieser grobschlächtigen und archaischen Jägerrunde den großen Gönner und Magnaten zu spielen. Die Leute im Dorf ließen sich das gefallen, schließlich fielen ja immer wieder einmal ein paar Bier und ein paar Schnapserln ab, die der großspurige Jagdpächter bereitwillig bezahlte.

Von den wilden Gesprächen über die Jagd in der rauen Bergwelt verstand Volker so gut wie gar nichts. Und je mehr vom schäumenden Gerstengetränk durch die durstigen Kehlen rann, desto haarsträubender und alberner wurden die Geschichten. Volker wandte sich der schüchternen Helene zu, die den ganzen Abend gar nichts sagte, aber artig neben ihrer Mutter saß und so tat, als würde ihr die Unterhaltung der Jäger gefallen. Viel war aus dem Mädchen allerdings nicht herauszubringen, bei jeder zweiten Frage errötete sie bis hinter beide Ohren, und ihre verschreckten Antworten beschränkten sich meist auf „Ja" und „Nein". Der junge Mann hatte viel zu wenig Erfahrung im Umgang mit dem weiblichen Geschlecht, als dass er daraus etwas machen hätte können. Außerdem war es ja auch gar nicht seine Absicht, daraus etwas zu machen. Er wandte sich schließlich wieder seinem Bierkrug zu und hatte am Ende des Abends einen bleiernen Vollrausch in seinem Kopf, für dessen Ausnüchterung er die Nacht und den ganzen folgenden Tag benötigte.

Vater Ackermann war stolz auf seinen Sohn. Er und der Jäger Michel grinsten hämisch, als sie hörten, dass Volker schwerkrank im Bett lag. Nur Helene – erstaunlicherweise – kümmerte sich rührend und unaufgefordert um den Verkaterten, brachte ihm einen Ingwertee und Zwieback, danach machte sie ihm eine klare Suppe heiß und brachte ihm auch diese ans Bett. Volker verließ sein Zimmer an diesem Tag nur, um auf die Toilette zu gehen, aber die überraschende Fürsorge der Jägerstochter registrierte er wohl. Als Helene ihm auch noch anbot, seine etwas verschmutzte Wäsche zu waschen, spürte Volker die wallende Hitze aus seinem Brustkorb unaufhaltsam ins Gesicht steigen, er wurde rot bis hinter beide Ohren und willigte verlegen ein. Außer seiner Mutter hatte bisher in seinem Leben noch nie jemand ein Stück Wäsche für ihn gewaschen.

Am nächsten Tag war der junge Mann wieder gesund. Er bedankte sich höflich und ein wenig verlegen bei seiner guten Fee. Vater Ackermann klopfte ihr kumpelhaft auf die Schulter und steckte ihr ein fürstliches Trinkgeld zu. Helene nahm es an, was sollte sie tun, Herr Ackermann erwartete das. Aber sie machte es nicht des Trinkgeldes wegen, das hätte sie sehr gerne auch zum Ausdruck gebracht, aber sie getraute sich nicht, sie dachte wohl, es würde ihr ohnehin niemand zuhören.

Die für diesen Jagdausflug veranschlagte Woche ging zu Ende, und Vater und Sohn Ackermann packten ihre Koffer. Das feinsäuberlich ausgekochte Krickerl vom erlegten Knöpfler, das Michel auch noch akkurat auf ein hübsches Lärchenschild montiert hatte, wurde mit besonderer Sorgfalt verpackt. Und zur Rehbrunft wollten sie wieder da sein, wahrscheinlich kämen da auch Frau Ackermann und ein weiteres befreundetes Ehepaar mit, Michel würde rechtzeitig Bescheid bekommen, um die Zimmer im Gasthaus zu reservieren.

So war es dann auch. Es war Ende Juli, die Sonne stand hoch, und die Böcke trieben ihre Geißen über die Felder, dass es eine Freude war. Der Wellpappenfabrikant Hartmut Ackermann brauste wieder mit seinem überdimensionalen Geländewagen daher, neben ihm diesmal seine Frau Carmen und am Rücksitz der Jungjäger Volker. Im zweiten Wagen, einer ausladenden Luxuslimousine, saßen Herr und Frau Brehme. Herr Brehme war ein wichtiger Geschäftspartner von Herrn Ackermann. Ob die beiden Männer auch befreundet gewesen wären, wenn sie nichts voneinander gebraucht hätten, ist ungewiss. Jedenfalls war Herr Brehme auf einen guten Bock eingeladen, das war schon einige Jahre wohlbewährte Praxis, um den guten Mann bei der Stange zu halten.

Die beiden Damen nutzten den Aufenthalt im bescheidenen Bergdorf, in dem viele ältere Frauen noch Kopftücher trugen, um einmal so richtig „feine Dame" zu spielen, denn wenn sie, eingehüllt in eine Duftwolke, mit ihren sündteuren Trachtenkostümen ins Gastzimmer beim Bärenwirt stolzierten, hielten alle Gäste den Atem an. Und während ihre Männer sich in das wilde Abenteuer der Jagd begaben, kutschierten sie mit dem großen Wagen gemächlich in die nahe Bezirksstadt, um auch dort in jedem Geschäftchen, in das sie traten, gehöriges Aufsehen zu erregen.

Nur Volker wusste nicht so recht, was er tun sollte. Jagdlich konzentrierte sich zunächst einmal alles darauf, dass Herr Brehme seinen guten Bock bekam, da hatte Michel keine Zeit für den Jungjäger. Das Damenkränzchen interessierte den jungen Mann natürlich auch nicht, doch als er so vor sich hinträumte und den Hühnern im Hof zusah, fiel ihm seine gute Fee wieder ein, die ihn beim letzten Mal so rührend umsorgt hatte. Gerade schlurfte sie mit ihren Gummistiefeln, einem ziemlich zerfledderten Arbeitskittel und einem nach hinten gebundenen Kopftuch aus dem kleinen Ställchen, in dem es zwei Ziegen und ein Mastschwein zu versorgen gab. Da fasste er sich ein Herz und sprach die junge Dame an: „Na, Leni, wie geht's dir?"

Das junge Mädchen erschrak über die Maßen, es war ihr äußerst unangenehm, dass der junge Herr sie in diesem Aufzug sah, und sie entschuldigte sich tausendmal dafür. In einer halben Stunde wäre sie mit ihrer Arbeit fertig, dann würde sie sich rasch waschen und umziehen und dann könnten sie ja miteinander plaudern, meinte sie aufgeregt, und ihre Wangen sahen aus wie zwei kleine, rot gereifte Äpfelchen. Volker war erstaunt über die plötzliche Redseligkeit des schüchternen Mädels und versprach, auf dem Bankerl unter dem Apfelbaum zu warten.

Helene stürmte ins Haus und ließ die Fetzen fliegen, so schnell hatte sie sich noch nie in ihrem Leben gewaschen und umgezogen, das erstbeste saubere Gewand aus ihrem Kasten war ihr recht. Ihre langen dunklen Haare flogen im Wind, als sie herauseilte und leichtfüßig dem Apfelbaum zuschwebte. Wenn es jemand gesehen hätte, hätte er gewusst, wie es um Helene stand. Aber es hat niemand gesehen, na ja, fast niemand.

Bis zu diesem Tag stand es folgendermaßen zwischen den beiden jungen Leuten: Für Helene schwebte der Sohn des reichen deutschen Fabrikanten irgendwo ganz oben in den Wolken, für sie unsichtbar und vollkommen unerreichbar und daher auch gar nie Inhalt irgendwelcher Gedanken. Für Volker war das Mädel vom Jäger Michel nicht mehr als eine Hühnermagd, die auf dem kleinen Bauernhof niedere Dienste versah und über die er ebenfalls noch nie nachgedacht hatte. Und nun saßen sie nebeneinander auf der Bank unterm Apfelbaum. Es war ein sehr zartes, ein sehr zerbrechliches Pflänzchen, das hier zu sprießen begann. Zwei Welten trafen da aufeinander, die unterschiedlicher nicht sein konnten, und zwei jugendlich verträumte Herzen begannen ganz zaghaft zu glosen. Herzen wissen nichts von verschiedenen Welten. Wenn Gott Amor einmal den Plan gefasst hat, ein Feuerchen zu entfachen, dann haben Unterschiede, die nur auf die Herkunft gebaut sind, sehr rasch keinen festen Boden mehr. Was kümmert ein liebendes, ein wahrhaft liebendes Herz Reichtum, was kümmert es Armut?

Aber es war noch nicht ganz so weit. Für Volker war die Plauderei mit Helene noch nicht viel mehr als ein Zeitvertreib, wenn auch das Bild, das die beiden jungen Leute voneinander hatten, mit Fortdauer des Gespräches eine bedeutsame Wandlung erfuhr. Am Ende dieser Apfelbaumromanze wusste Helene jedenfalls, dass der Fabrikantensohn aus Deutschland gar nicht so ein arroganter, unnahbarer Schnösel war, wie sie immer gedacht hatte, sondern ein sensibler und kluger junger Mann. Und Volker wusste, dass das Jägermädel keinesfalls so einfach gestrickt war, wie er immer geglaubt hatte, sondern gerade ihre Matura bestanden hatte und fest entschlossen war, ein Studium zu beginnen.

Die beiden beließen es zunächst dabei, wie gesagt, es war ein äußerst zartes Pflänzchen, das gerade erst zu sprießen begann. Nur Helenes Mutter hatte etwas mitbekommen von diesem kleinen Tete-à-tete, und die gute Christl behielt es für sich. Sie dachte, wenn sie niemandem etwas erzählen würde, wäre es auch nicht geschehen. Denn sie hoffte inbrünstig, dass sich ihre Tochter nicht in den reichen, verwöhnten Bengel verliebt hatte, der würde das ganz sicher nicht ernst nehmen und das arme Mädel nur unglücklich machen, da war sich die gute Frau vollkommen sicher.

Herr Brehme kam an diesem Abend zu Schuss und brachte einen kapitalen Rehbock nach Hause, was natürlich beim Bärenwirt gebührend gefeiert wurde. In den nächsten Tagen hatte der Michel wieder Zeit, um auch Volker auf einen Bock zu führen, was die Gelegenheiten für verschwiegene Treffen mit der Jägerstochter weitgehend zunichtemachte. Und Volker begann zusehends, dies zu bedauern. Denn die nervtötenden, trübseligen Ansitze mit dem wortkargen Michel auf irgendwelchen Hochsitzen machten ihm keinen Spaß. Dann kam aber auch er noch zum Erfolg, ein passender Abschussbock lag mit tadellosem Schuss im Feuer und es gab noch einmal etwas zu feiern.

Volker und Helene fanden keine Möglichkeit mehr, sich irgendwo alleine zu treffen, aber jedes Mal, wenn sie aneinander vorübergingen, sprühten die Funken. Um Helene war es längst geschehen, und auch Volker zog es Tag um Tag tiefer hinein in die verwirrenden Wogen der Liebe.

Die Jagdgesellschaft fuhr schließlich wieder nach Hause, und zwei junge Leute mussten lernen, mit Schmetterlingen im Bauch umzugehen.

Die Eltern von Volker hatten von den Gefühlswallungen ihres Sohnes noch nichts bemerkt. Frau Ackermann allerdings schöpfte den ersten Verdacht, als die Zeit der Hirschbrunft näher rückte. Die Jagd auf den Hirsch in der Brunft war traditionell eine Sache nur für Männer. Und zwar für „richtige Männer"! Herr Ackermann suchte sich jedes Jahr mit großer Sorgfalt drei oder vier Herren aus, die sich in der Fabrik oder auch sonst irgendwie verdient gemacht hatten, und mit denen fuhr er unter ausdrücklichem Ausschluss der Ehefrauen und sonstiger weiblicher Begleitung in die steirischen Berge. Zu diesem erlauchten Kreis zählte ganz sicher nicht sein Sohn Volker. Doch da erlebte der alte Herr eine Überraschung. Denn eines Tages erschien sein Sohn im Büro und fragte seinen Vater zu dessen großer Verblüffung, ob er denn mitkommen könnte zur Hirschbrunft. „Tja, Junge, wie stellst du dir das vor?! Im ersten Jahr als Jagdscheinbesitzer bekommst du noch keinen Hirsch zum Abschuss. Das wäre ja noch schöner. Und außerdem habe ich schon alles verplant!" Volker gab aber diesmal nicht so schnell auf und versicherte, dass er gar keinen Hirsch schießen wolle, er würde nur gerne einfach mitfahren und die Hirschbrunft erleben. Als Herr Ackermann das seiner Frau erzählte, musste sie ein wenig schmunzeln. Aber sie sagte nichts.

Der Wellpappenfabrikant freute sich riesig darüber, dass sein Sohn nun offenbar tatsächlich echtes Interesse an der Jagd entwickelte und nahm ihn mit. Von dessen wahren Motiven ahnte der Vater nicht das Geringste.

Ganz einfach war es nicht für die beiden jungen Leute, passende Gelegenheiten für ihre noch geheim zu haltenden Zusammenkünfte zu finden, doch die Liebe macht bekanntlich erfinderisch. Inzwischen war es tatsächlich passiert, in beider Herzen war die Flamme der Liebe hell entfacht und brannte lichterloh. Wie Volker das aber seinem Vater erklären sollte, wusste er beim besten Willen nicht. Denn es war äußerst unwahrscheinlich, dass der reiche Herr Ackermann die Beziehung seines Sohnes zu einer armen Kirchenmaus aus einem steirischen Bergdorf gutheißen würde. Bei der Geheimhaltung kam den beiden Turteltauben diesmal noch zugute, dass die Männer alle ihre Sinne auf die röhrenden Hirsche gerichtet hatten und für das gerade zart erblühende Pflänzchen der Liebe zwischen zwei jungen Menschen weder Augen noch Ohren hatten.

Nur Christl, Helenes Mutter, war natürlich nicht hinters Licht zu führen. Sie wusste längst, wie es um die beiden stand, doch glücklich war sie nicht darüber. Denn auch sie ahnte, dass der reiche Herr Ackermann dieser Verbindung keinesfalls zustimmen würde und ihrer Tochter also mit ziemlich großer Sicherheit eine tiefe Enttäuschung bevorstand. Doch es kam alles ganz anders.

Hartmut Ackermann war wie gesagt mit der Hirschbrunft vollauf beschäftigt. Und dem umsichtigen und unermüdlichen Jäger Michel gelang es tatsächlich, innerhalb einer Woche alle vier angereisten Hirschjäger zu Schuss kommen zu lassen, am Samstag lagen also vier passable Brunfthirsche auf der Strecke, die Jagdhornbläser schmetterten ihr Signal „Hirsch tot" in die kühle Oktobernacht, und beim Bärenwirt wurde gefeiert bis zum frühen Morgen. Herr Ackermann war sehr glücklich und zufrieden und bemerkte gar nicht, dass sein Sohn bei der ganzen Feier überhaupt nicht dabei war.

Volker hatte gleich nach seiner Rückkehr aus der Steiermark seinen Einrückungstermin bei der Bundeswehr und musste sich wohl oder übel seiner Verpflichtung stellen. Helene hatte bereits im September an der Universität in Wien inskribiert und begann ihr Studium der Ernährungswissenschaften. Doch die innige Zuneigung, die die beiden füreinander empfanden, ließ nicht nach. Im Gegenteil. Die Liebesbriefe, die sie sich schrieben, überschlugen sich. Ein Brieflein war immer auf dem Weg, während sie sich jeweils das vorige beantworteten. Es gab überhaupt keinen Zweifel, die beiden hatten sich so viel zu sagen, waren so voller Liebe und auch so voller Vertrauen – Gott Amor frohlockte.

Eines Tages trat Volker beinahe feierlich vor seine Eltern und berichtete von seiner bis dahin einigermaßen geheim gehaltenen Liaison, wenn auch Frau Ackermann den Braten schon längst gerochen hatte. „Junge, wie stellst du dir das vor?", brach es aus Herrn Ackermann heraus, er hatte bis dahin tatsächlich keine

Ahnung und fiel selbstverständlich aus allen Wolken. „Du sollst einmal die Fabrik übernehmen, das ist eine große Aufgabe, und da brauchst du die richtige Frau dazu und nicht eine naive Landpomeranze aus der Steiermark!“ Volker war vorbereitet auf den Angriff seines Herrn Papa und ging in den Gegenangriff über. „Nach meinem Dienst beim Bund werde ich in Göttingen studieren, ich habe mich schon umfassend informiert, und Helene wird dann ebenfalls in Göttingen ein Kolleg besuchen. Sie studiert ja jetzt schon in Wien. Wir möchten dann auch zusammenziehen. Helene ist nämlich genau die Frau, die ich brauche. Und ich liebe sie über alles.“

Hartmut verstand, dass er hier mit Poltern nichts mehr ausrichten konnte, es fiel ihm aber äußerst schwer, sich zu beherrschen. „Junge, überleg dir gut, was du da machst!“, drohte er seinem Sohnemann, doch insgeheim mag er wohl gedacht haben, dass dieser jugendliche Überschwang sich recht bald legen würde und dann wieder alles in die richtigen Bahnen käme.

Zu Hause bei Helene wussten natürlich alle Bescheid. Vor allem Christl jammerte unentwegt vor sich hin, sie war sich sicher, dass die Sache nicht gut gehen konnte. Je länger es dauerte, desto größer würde die Enttäuschung für ihr armes kleines Mädel sein. Andererseits war aber die Aussicht auf die mehr als gute Partie für ihre Tochter auch nicht von der Hand zu weisen, eine kleine Prise Hoffnung bewahrte sie sich also noch ganz tief in ihrem Herzen.

Volker und Helene hörten nicht damit auf, sich Liebesbriefe zu schreiben. Nach einem Jahr bezogen sie gemeinsam eine Studentenbude in Göttingen, nach vier weiteren Jahren hatten sie ihre Studien abgeschlossen. Dann nahmen sie sich ganz fest bei der Hand, traten vor ihre Eltern und verkündeten mit geschwellter Brust: „Wir wollen heiraten!“

„Junge ...“, begann Herr Ackermann konsterniert, doch seine Frau fuhr ihm ordentlich übers Maul: „Du sagst jetzt gar nichts!", bellte sie ihren Mann an. „Wir gratulieren dem jungen Paar und freuen uns mit Euch!", rief sie den beiden Liebenden zu, und damit war die Sache besiegelt. Der guten Christl rannen die Tränen über die Wangen, dass sie noch eine Zeit lang gar nicht sprechen konnte, der Michel nahm seine Tochter in den Arm, wie er es schon jahrelang nicht mehr getan hatte, und Volker und Helene strahlten sich an mit ihrem unbändigen Optimismus. Freudentränen standen schließlich in aller Augen. Auch Hartmut konnte sich dem nicht ganz entziehen. „Du musst wissen, was du tust, Junge!", raunte er seinem Sohn ins Ohr, dann beugte er sich der Macht der Liebe. Was sollte er machen?

Die Hochzeitstafel wurde beim Bärenwirt bestellt. Das halbe Dorf war eingeladen, so ein glückliches Hochzeitspaar hatten sie schon lange nicht mehr gesehen, die einfachen Leute da oben in dem steirischen Bergdorf.

Lassen wir die Geschichte hier zu Ende sein. Ja, sie klingt ein wenig unglaubwürdig, aber sie ist wahr. Sie trug sich nicht genau so, aber tatsächlich so ähnlich zu. Und sie ist in Wirklichkeit noch nicht zu Ende, denn Volker und Helene sind auch heute noch ein Paar, mehr als dreißig Jahre später. Sie haben die Klippen des Lebens gemeinsam umschifft und der jugendlichen Liebe ein prächtiges Haus gebaut. Es lebe die Liebe!

Die Anni

Der Huber Franz war ein achtbarer, etwas grobschlächtiger, kräftiger, im Allgemeinen gutmütiger und allseits beliebter Mann Anfang 30. Er war der älteste Sohn vom alten Leitenbauer, drei jüngere Geschwister hatten sich mit ihren Handwerksberufen bereits auf eigene Beine gestellt und Franz sollte den Leitenbauer-Hof, einen stattlichen Bergbauernhof in doppelter Eigenjagdgröße, übernehmen. Er war stark genug und auch klug genug dafür, er hatte ein gutes Gespür für das Vieh am Hof, eine gute Hand für seine Gerätschaft und er war passionierter Jäger.

Allein im Umgang mit dem weiblichen Geschlecht, da haperte es ein wenig. Und so erging es ihm wie so manch anderem Hoferben im bäuerlichen Umfeld – er hatte noch keine passende Frau gefunden. Wer den Schaden hat, braucht ja bekanntlich für den Spott nicht zu sorgen, nur musste man beim Franz schon etwas vorsichtig sein mit Hänseleien in diese Richtung, denn besonders viel Spaß verstand er diesbezüglich nicht! Und wie gesagt war er ziemlich kräftig.

In diesem Jahr hatte es schon Ende November geschneit. An einem kalten Dezembertag läutete bei allen Jägern des Dorfes das Telefon, der Huber Franz rief an und lud seine Weidkameraden zu einem Hochwildriegler in sein Revier ein. Gut, den Michlbauer Sepp hatte er nicht eingeladen, aber das ist eine andere Geschichte. Aber alle anderen Jäger – eingeladen beim Leitenbauer zum Hochwildjagern, das war schon eine deftige Überraschung! Denn der Franz und auch sein Vater Karl waren für alles Mögliche bekannt, nur für Großzügigkeit eigentlich nicht.

Am kommenden Sonntag um 8 Uhr früh sollte es also losgehen, pünktlich gestellt am Leitenbauer-Hof, bei jedem Wetter, die Jause war selbst mitzubringen.

Zwei Tage vorher schneite es noch bedächtig, ein halber Meter Schnee verzauberte die idyllische Berglandschaft in ein Wintermärchenland. Am Sonntag sah man keine Wolke am Himmel, die Sonne blinzelte über den Brandriedel, als gut und gerne 25 Jäger im Hof des Huber Franz die kleinen Schnapsfläschchen herumreichten und in allerbester Stimmung einem spannenden Jagdtag entgegenfieberten.

Zu gegebener Zeit trat der Altbauer Karl geradezu majestätisch aus seinem Haus. Ein mächtiger Lodenwetterfleck umwehte seine stattlichen 120 Kilogramm, er trug einen breitkrempigen schwarzen Hut mit steil aufgestelltem Gamsbart, hatte das Gewehr geschultert und den Jägerstock in der Hand. Er sah aus wie ein Landadeliger aus dem vorvorigen Jahrhundert, und die Jäger des Dorfes glaubten schon, er wäre vielleicht übergeschnappt. Aber als er den Mund aufmachte, erkannten sie ihren Leitenbauer doch gleich wieder und waren einigermaßen beruhigt.

Mit schlichten Worten begrüßte er die Jägerschar und erläuterte, zugegebenermaßen ein bisschen umständlich, die Strategie der Jagd, wenn man das so nennen will. Und dann – sein Gesicht bekam ein feierliches Glänzen – verkündete er noch Folgendes: „Da Franz hot heit sei Freindin Anni eiglodn zan Jagern, sie is a Jungjagerin, miassts ihr hoit a bissl höfen.“ Sprach’s, und die beiden erschienen mindestens so feierlich wie zuvor der Karl auf dem Hof. Das hatte gerade noch gefehlt! „Hiaz zaht der blede Bua a Weiberleit daher zan Jagern, des haum ma braucht!“, raunte der Ferdl dem Joglbauer Luis zu, der neben ihm stand. Aber was half’s, sie waren eingeladen zur Jagd. Da blieb nichts anderes übrig als gute Miene zu machen. Freude hatten sie alle miteinander nicht mit einer Frau in ihrer Mitte, ein wenig mildern konnte das Urteil allerdings die Tatsache, dass es sich bei Anni um eine richtig fesche junge Dame handelte, die recht leutselig einem jeden mit einem kräftigen Weidmannsheil die Hand schüttelte und auch ein Schnapserl zum Aufwärmen gerne annahm.

„Wo hot denn der Franz des Madl auf amol her?", fragte sich der Mitterbauer Fritz halblaut, und unter den Jägern machte sich ein ungläubiges Raunen breit. Jedenfalls war klar, dass keiner von ihnen auch nur die leiseste Ahnung davon hatte, dass der Huber Franz jetzt plötzlich eine Freundin haben sollte. Franz und seinem Vater Karl entgingen die missmutigen Reaktionen der Jäger natürlich nicht, und sie konnten ihre durchaus verständliche Aufgeregtheit nicht ganz verbergen. Nur Anni gab sich betont locker und tat so, als wäre es überhaupt nichts Besonderes, als einzige Frau mit fünfundzwanzig Jägern auf eine Treibjagd zu gehen.

Franz und Luis, der Nachbarbauer, übernahmen die Aufgabe, die Schützen anzustellen. Auch die Treiber, drei kernige Burschen aus dem Dorf, waren eingetroffen und erhielten ihre Instruktionen. Dreißig Männer und eine Frau stapften also los, die Schützen wurden über den Mitterriedel, der hinaufführt bis zum Geierhaupt, in gebührendem Abstand angestellt, und die Treiber sollten aus dem Graben heraus andrücken, so ungefähr in zwei Stunden, meinte der alte Leitenbauer. Für den Fall, dass ein Stück über den Graben wechseln sollte, wurden zwei Rückschützen eben dort postiert, die Wahl fiel auf den Ferdl und die Anni. Leise, aber doch vernehmbar grummelte der Ferdl vor sich hin. Das hätte er sich anders vorgestellt, jetzt sollte er Rückschütze im Graben unten sein und obendrein neben einem „Weiberleut" stehen, die keine Ahnung hat vom Jagern! Aber immerhin ersparte er sich die elende Schinderei und fügte sich seinem Schicksal. Für die anderen Jäger war der Aufstieg schweißtreibend, denn der frisch gefallene Schnee war nass und schwer und jeder Schritt eine qualvolle Anstrengung.

Gegen Mittag schließlich hörte man dann das Poltern der Treiber. Der Hansi war es, der immer wieder einmal „Hirsch! Hirsch!“ rief, doch keiner der angestellten Schützen am Mitterriedel bekam einen solchen vor die Büchse. Dann, nach etwa einer Stunde, fiel doch ein Schuss und gleich ein zweiter nach. Es hallte mächtig übers Tal, und auch der dritte suchte sich sein Echo weit drüben an der Nordflanke vom Sonntagskogel. Nach fünf Minuten krachte es noch einmal – ein kurzer, dumpfer Knall – der Schuss musste im Graben unten gefallen sein.

Oben am Riedel hatte der Maier Josef, ein bekannt guter Schütze, auf Tier und Kalb geschossen, das Kalb lag im Feuer, das Tier machte ein paar Fluchten und verschwand im Hochwald, wo es aber ebenfalls zusammenbrach und verendete. Als der Josef gerade fertig war mit dem Aufbruch, kamen der Franz und der Luis dazu, und mit vereinten Kräften brachten sie die Stücke ins Tal. Als sie ankamen beim Leitenbauer, staunten die gestandenen Jäger nicht schlecht, denn mitten am Hof lag ein Hirsch, ein passabler 8-Ender, fein säuberlich gebettet auf Fichten- und Lärchengeäst.

„Weidmannsheil! Wer hotn gschossn?“, fragte Franz in die Runde und kam aus dem Staunen überhaupt nicht mehr heraus, denn in diesem Moment stürzte seine Freundin Anni auf ihn zu, sichtlich erhitzt und mit hochrotem Kopf, fiel ihm um den Hals und stammelte: „I, i haun an Hirsch gschossn!“

Ein bisschen betreten standen sie schon herum, die Mannsbilder, und konnten nicht recht glauben, dass ausgerechnet die Jungjägerin einen Hirsch zur Strecke gebracht hatte, mit einem sauberen Schuss obendrein. Man muss es wohl so sagen, es kratzte bedenklich an ihrer Jägerehre. Aber der Huber Franz, was der für eine Freude hatte, ist gar nicht zu beschreiben, er juchzte und tanzte mit seiner Anni um den Hirsch herum und war fast nicht mehr zu beruhigen. Der alte Leitenbauer setzte wieder seinen breitkrempigen Hut mit dem Gamsbart auf, warf sich seinen Loden über und übernahm die feierliche Aufgabe, seine Schwiegertochter in spe zur hirschgerechten Jägerin zu schlagen. „Hoch, hoch, der erste Schlag ist für Fürsten und Herrn ...", und so weiter, geradezu zärtlich klopfte er der Schützin auf ihr Hinterteil. „Fester!", riefen die Umstehenden, aber der Leitenbauer wusste, was sich gehört. Eine Frau hatte er schließlich noch nie in seinem langen Jägerleben zur hirschgerechten Jägerin geschlagen, und mit der Freundin vom Franz wollte er es sich keinesfalls verscherzen.

Beim Kirchenwirt gab es dann ein dampfendes Gulasch, und für die Jägerrunde stand fest: „Die Anni wird heit eingwassert!" Der Joglbauer Luis war der erste, der eine Runde Obstler bestellte, der Maier Sepp ließ sich nicht zweimal bitten, der Ferdl hatte auch noch eine Rechnung offen, und so ging es weiter. Jeder wollte ein Schnapserl mit der feschen Jungjägerin trinken. Und die junge Dame schlug kein einziges davon aus, sie schien das mit jugendlicher Leichtigkeit alles zu vertragen. Während die gestandenen Männer einer nach dem anderen wegbrachen und die Zungen immer schwerer und die Knie immer weicher wurden, tänzelte Anni leichtfüßig von Tisch zu Tisch, so dass es dem Leitenbauer Franz und seinem Vater auch langsam unheimlich wurde.

Anni hatte die Schnäpse nicht allesamt selbst getrunken, sondern anderweitig entsorgt. Eine Vase, ein Blumentopf oder ein halbleeres Bierglas fand sich stets in ihrer Nähe, und mit einer unglaublichen Geschicklichkeit gelang es ihr, dabei nie ertappt zu werden. Der Kater, mit dem die übrigen Jäger am nächsten Tag aus ihren Federn krochen, ließ zwei Fragen unbeantwortet. Erstens: Wie konnte die einzige Frau unter fünfundzwanzig Männern bei einer Treibjagd einen Hirsch erlegen? Und zweitens: Wie konnte diese Frau so viel Schnaps vertragen?

Der Zittersitz oder Kraumer, bleib bei deine Ladln

Die Geschichte begann am Wirtshaustisch. Das ist für eine Jagdgeschichte wahrlich nicht ungewöhnlich, muss aber erwähnt werden, weil ohne diesen Wirtshaustisch die ganze Geschichte niemals passiert wäre.

In dem kleinen Bergdorf, von dem hier die Rede ist, war das Wirtshaus eine sehr wichtige Institution. Das Sitzen im Wirtshaus war eine der beliebtesten, wenn nicht überhaupt die beliebteste Beschäftigung großer Teile der Bevölkerung, gab es doch zu jener Zeit in dem Dorf mit gerade einmal 600 Einwohnern, die obendrein zum größten Teil weit verstreut auf ihren Höfen lebten, vier stattliche Gasthäuser und zwei Bauerngasthäuser dazu. Und keiner der Wirte beklagte sich über schlechte Geschäfte.

Am Stammtisch beim Bruckenwirt ging es vor allem an den Sonntagen recht lustig zu. Wenn der Bürgermeister schon da saß, hockte sich der Holzknecht ohne Scheu dazu, ein paar Bauern, ein paar Jäger, der Lehrer, der Dorfgendarm, der Tierarzt und ab und zu sogar der Pfarrer genehmigten sich am Tag des Herrn ein gutes Glaserl oder auch zwei. Und alle saßen sie an einem Tisch. Einer der verlässlichsten Sonntagsgäste war der Kaufmann Josef, den alle Pepi nannten. Ein Mann in den besten Jahren, stets fröhlich und leutselig, nicht der große Wortführer am Stammtisch, aber immer wieder für sarkastische Kommentare und hinterhältige Sticheleien gut. Trotzdem war er aber der freundliche Kaufmann des Dorfes, es gab noch einen zweiten, den Karl, der um die Gasthäuser einen großen Bogen machte. Vom Pepi konnte man sich in seinem Geschäft beispielsweise zehn Paar Socken vorlegen lassen, die er aus den hintersten Winkeln seines Geschäftes holte – wenn einem keines gefiel und man ohne etwas zu kaufen wieder ging, grüßte er trotzdem freundlich und wünschte einen schönen Tag, was man vom Karl beileibe nicht behaupten konnte.

Pepi war ein sorgfältiger Kaufmann und hatte seinen Gemischtwarenladen stets in Schuss, und wenn er als Feuerwehrhauptmann nicht gerade bei einem Löscheinsatz war, stand er mit seiner Frau auch immer brav im Geschäft. Am Sonntag allerdings, und das war ihm wirklich heilig, saß er am Stammtisch beim Bruckenwirt. Gewissermaßen war das auch ein Löscheinsatz, der eben keinem Feuer, sondern seinem Durst geschuldet war. Und meist kam auch seine liebe Ehefrau Mitzi mit, das hatte damit zu tun, dass sich der Pepi, wenn er schon einmal im Gasthaus saß, unheimlich schwer tat, sich von seinen Zechkumpanen wieder zu trennen. Und ohne die Mitzi wäre nicht immer gewährleistet gewesen, dass der Pepi am Montag in der Früh sein Geschäft pünktlich aufsperren hätte können.

Wenn der Pepi in seine beste Stimmungsphase kam, das war meist so nach dem dritten oder vierten Schoppen Wein, ließ er die Zügel seines Mundwerks ein wenig lockerer. Er konnte schon richtig zynisch werden, da waren sich alle am Stammtisch einig. Man ertrug es, weil es halt der Pepi war, und der war nicht mehr zu ändern. Vor allem die Jäger nahm er mit großer Vorliebe aufs Korn, machte sich lustig über dies und das und unterstellte ihnen, ohnehin immer nur ihr Jägerlatein aufzutischen. Dem

Michel wurde es dann eines Tages zu viel. „Du, Pepi, du tatst jo net amol die Jagaprüfung dapockn, du host jo goar koa Aunung von da Jagarei!“, schleuderte er dem Kaufmann ins Gesicht. Und die anderen Jäger grinsten zustimmend. „Genau, Pepi, du bist a Kraumer, aber Jaga wirst du koaner!“, so befeuerte auch der Jaga-Sepp die Stimmung, und der Binderbauer Franz trieb es auf die Spitze: „Wett ma, dass du die Jagaprüfung net dapockst, a Fassl Bier is ma wert!“

Die Lage wurde ernst für Pepi, den Kaufmann, er konnte das nicht auf sich sitzen lassen, soviel stand fest, aber andererseits, wie sollte er aus diesem Schlamassel wieder herauskommen? Über dem Stammtisch lag bereits dichter Nebel, Pepi hätte jetzt sehr gerne ein fröhliches Lied vor sich her gesummt, wie er es üblicherweise zu so fortgeschrittener Stunde tat. Allein – das ging jetzt nicht. In einem Anflug von Größenwahn trat er die Flucht nach vorne an, sprang auf und bot seinem Kontrahenten die Hand: „Die Wett gült, Binderbauer, a Fassl Bier, dass d' es neit vagisst!“ Die verzweifelten Rempler, die ihm seine liebe Mitzi in die Seite stieß, um ihn zur Vernunft zu bringen, taten keine Wirkung. Und um die Wahrheit zu sagen, das hatten sich auch die Stammtischbrüder allesamt nicht gedacht, dass der Pepi auf so eine Wette einsteigen würde.

Der Bürgermeister war schon nach Hause gegangen, der Pfarrer war gottlob auch nicht mehr da, und die anderen hatten ausnahmslos alle einen respektablen Rausch. Pepi, der auch betrunken noch immer ein gerissenes Schlitzohr sein konnte, dürfte also wohl damit spekuliert haben, dass diese Wette am nächsten Tag den Weg fast aller dieser „b'soffenen Gschichten“ gehen und sang- und klanglos im Meer der Vergessenheit versinken würde. Doch er hatte die Rechnung ohne den Wirt gemacht, buchstäblich! Denn der Wirt war auch ein Jäger, sein Erinnerungsvermögen am nächsten Tag funktionierte tadellos, und der Gedanke an so eine kleine Lektion für den Kaufmann gefiel ihm außerordentlich gut. Und weil er das Kalkül vom Pepi durchschaut hatte, wusste er natürlich nichts Besseres zu tun, als alle Zeugen und vor allem den Binderbauer an die kolossale Wette vom Vortag zu erinnern. Womit das Thema praktisch aller Dorfgespräche für die nächsten zwei Wochen festgelegt war! Und es war nicht zu leugnen, eine gewisse, schmunzelnde Schadenfreude beseelte sehr weite Teile der Bevölkerung ...

Allerdings, richtig ernst genommen hat die Sache kaum jemand, wahrscheinlich nicht einmal der Binderbauer Franz. Das Jahr zog übers Land, und die Wette vom sonntäglichen Stammtisch geriet beinahe wieder in Vergessenheit. Wenn auch dem einen oder anderen auffallen hätte können, dass der Pepi auf einmal weit weniger über die Jäger lästerte.

An einem trüben, verregneten Sonntag im Spätherbst, an dem die gesamte Stammtischrunde versammelt war, ließ Pepi die Katze dann aus dem Sack. Der Kaufmann, der wieder seine beste Stimmungsphase erreicht hatte, ergriff feierlich das Wort, zog aus seiner Rocktasche ein Etui, welches er feinsäuberlich auf den Tisch legte und sprach: „So, meine Herren, damit's segts, za wos da Pepi imstand is, do is mei Jogdkortn!"

Die Schrecksekunde der Anwesenden dauerte gut und gerne eine Minute. Natürlich glaubten zuerst die meisten an einen Scherz, aber nachdem alle Jäger, der Bürgermeister, der Pfarrer und auch der Wirt den vorgelegten Jagdschein eingehend betrachtet hatten und kein Zweifel an der Echtheit bestand, ging das Gejohle los. „Des glab i net, Pepi, wia host du des gmocht?" „Des kostet dem Binderbauer a Fassl Bier!" „Wia waun ma net scho gnua Jaga hättn, Pepi, hiaz muasst du a no jagern geih!" Der ganze Stammtisch war vollkommen aus dem Häuschen.

Der Coup war dem listigen Kaufmann gelungen, niemand hatte ihm das zugetraut, und kein Mensch hatte mitbekommen, dass er höchst diszipliniert zweimal in der Woche zum Jagdkurs gefahren war und die Prüfung offenbar mit Bravour bestanden hatte. Also musste er aufgenommen werden in die Riege der Jäger, was nicht ganz ohne unfreiwillige Komik ablief. Das begann schon bei der Einkleidung, denn Pepi war einer, der die steirische Tracht und erst recht das grüne Jägerzeug zutiefst verachtete und seine sonntäglichen Gasthaussitzungen stets in Anzug und Krawatte absolvierte. Nun steckte man ihn in eine krachlederne Kniebundhose und einen grünen Lodenjanker samt nagelneuem Jägerhut - er sah aus wie seine eigene Karikatur und sorgte so für allgemeine Erheiterung am Stammtisch beim Bruckenwirt.

Anfang Dezember war es dann so weit. Pepi wurde zu seiner ersten Treibjagd eingeladen. In der Gemeindejagd oberhalb des Dorfes, die vom Bruckenwirt Wastl gepachtet war, sollten noch zwei oder drei Stück Kahlwild erlegt werden. Die Jäger des Dorfes folgten der Einladung ausnahmslos, freilich nicht so sehr wegen des in Aussicht gestellten Jagderfolges, sondern um zu sehen, wie es dem Pepi bei seiner ersten Jagd ergehen würde. Der Winter hatte bereits Einzug gehalten, eine dicke Schneedecke lag über der Landschaft. Am Sonntag war um 8 Uhr Treffpunkt beim Bruckenwirt. Zum Aufwärmen ein Schnapserl, dann ging es los. Draußen war es stürmisch, der Wind pfiff einem um die Ohren, und es war grimmig kalt. Doch schlechtes Wetter gibt es für Jäger bekanntlich nicht, nur dem Pepi war das nicht recht geheuer. „Bei so an Wetta jogt ma jo koan Hund vor die Tür", grummelte er vor sich hin und erntete hämisches Gelächter.

Dem Jaga-Sepp fiel die Aufgabe zu, die Schützen anzustellen und ihnen letzte Instruktionen zu geben, der Wastl und zwei weitere kräftige Männer waren die Treiber.

Der Weg war beschwerlich, das war nicht zu leugnen. Knietiefer Schnee und beißender Wind machten den Jägern schwer zu schaffen, und jeder war heilfroh, wenn er seinen Standplatz erreicht hatte. Um es dem „Jungjäger" nicht allzu leicht zu machen, schleifte der Jaga-Sepp den Pepi natürlich ganz mit hinauf bis zum letzten Stand, es war ein neu gebauter Bodensitz mit Aussicht auf einen großen Kahlschlag am Gegenhang. Pepi war nass geschwitzt bis auf die Unterhose, die Schwüre und Flüche, die er während des Aufstiegs von sich gegeben hat, wollen wir hier anstandshalber nicht wiedergeben. Zwei Stunden brauchte es, bis alle Jäger an ihrem Platz standen, dann verkündete ein Hornsignal den Beginn des Triebes.

Nach weiteren zwei Stunden erreichte Wastl als Treiber den unteren Zipfel des Schlages, an dem Pepi angestellt war. Als er seinen Blick über die Kahlfläche warf, sah er vier Stück Hochwild gemächlich über den Schlag ziehen, ein Tier mit Kalb, ein Schmaltier und einen Spießer, gerade einmal sechzig Schritt vom Pepi entfernt. Jeden Moment musste der Schuss fallen! Wastl wartete gespannt, doch es tat sich nichts! Die vier Stück näherten sich dem Graben und würden in den nächsten zwei Minuten im Hochwald verschwinden, es war vollkommen unmöglich, dass der Pepi sie nicht sah. „Pepi, schieaß endlich!“, rief der Bruckenwirt in seiner Verzweiflung hinauf, und noch einmal: „Aufs Schmoitier schieaßn, Pepi!“ Doch es fiel kein Schuss, und das Hochwild wechselte unbehelligt über den Graben ins Holz.

Da war der Wastl fuchsteufelswild! Er kämpfte sich durch den tiefen Schnee hinauf zum Pepi und schimpfte lautstark mit ihm: „Warum host’n net gschossn, du Oberjaga, wos glabst denn du, fia wos mir uns do obrackern!“ Und vermutlich verwendete auch er Ausdrücke, die wir hier nicht erwähnen wollen. Aber als er nahe genug dran war, nahm sein Zorn eine fast versöhnliche Wendung. Der Pepi saß da wie ein Häufchen Elend mit käsebleichem Gesicht und zwetschgenblauen Lippen, zitterte am ganzen Körper wie Espenlaub im Sturm und stammelte Unverständliches. Da konnte sich der Wastl nicht beherrschen und musste laut lachen. Der Jungjäger war vollkommen durchgefroren und konnte selbstverständlich nicht im Traum daran denken, sein Gewehr in Anschlag zu bringen oder gar einen gezielten Schuss abzugeben. Wastl warf dem Zitternden seinen Wetterfleck über die Schultern und half ihm wieder auf die Beine, dann stapften sie talwärts, die Jagd war vorbei. Dem Pepi fielen dabei Schimpfwörter ein, von denen er selbst nicht gedacht hatte, dass er sie jemals aussprechen würde.

Wieder im Gasthaus versammelt, brauchte sich Pepi um Hohn und Spott der Jagdgesellschaft nicht zu sorgen. Er war ja schließlich selbst schuld, hatte er doch viel zu wenig wärmende Kleidung mitgenommen auf sein jagdliches Abenteuer. Der Bruckenwirt bereitete ihm ein paar staubige Jagatee, die das Gemüt vom Pepi langsam wieder ins Lot brachten. An einer Treibjagd werde er aber, das schwor er beim heiligen Hubertus, in seinem ganzen Leben sicher nie mehr teilnehmen.

Es wurde dann noch ein recht gemütlicher Abend mit einem deftigen Gulasch und einem Fass Bier, denn der Binderbauer wollte sich auch nicht nachsagen lassen, dass er nicht zu seiner Wette stehen würde.

Der Pepi allerdings, als er dann betrunken und hundemüde nach Hause kam, stellte seinen Bergstutzen in die Ecke, entledigte sich seines Jägergewandes und zog es nie mehr in seinem Leben an. Eine bestandene Jagdprüfung allein macht aus einem Kaufmann eben noch keinen Jäger.

Und dem Bodensitz, in dem der Pepi so ungnädige Kälte ertragen musste und zitterte „wia a Lamplschwoaf", gab der Bruckenwirt in Erinnerung an diese denkwürdige Treibjagd den Namen „Zittersitz". Auf diese Weise wurde dem Kurzzeit-Jäger sozusagen ein angemessenes Denkmal gesetzt.

Der Wildeinkäufer

Es war ein griesgrämiger, nebelverhangener Tag, der gerade hereinkroch ins Tal, als Bertl sein Büro betrat, eine elendig kleine, bis unter die Decke vollgerammelte Bude, die er mit Frau Erlbacher, der „Generalsekretärin" des Unternehmens, teilen musste. Er verbrachte aber sowieso nicht sehr viel Zeit an seinem Schreibtisch, sondern war eigentlich ständig irgendwo unterwegs. Ein Blick auf den Kalender bestätigte, was Bertl ohnehin im Kopf hatte, ein Termin mit Valentin Steiner, Forstgut Silberwald, 13 Uhr. Die stets freundliche und verschmitzt lächelnde Frau Erlbacher wünschte einen guten Morgen und schlug vor, erst einmal einen Kaffee zu trinken, wie eigentlich jeden Morgen. Und der Herr Pichler, seines Zeichens Betriebsleiter, gesellte sich üblicherweise auch dazu. Die beiden Männer rauchten meist eine schändlich stinkende Zigarillo, und die Sekretärin versorgte sie mit etwaigen Informationen, sie wusste alles, darauf war Verlass.

Bertl hatte in einer ziemlich speziellen Firma angeheuert und dort eine sehr spezielle Aufgabe erhalten. Es handelte sich um einen fleischverarbeitenden Betrieb, und dieser kaprizierte sich auf die Verarbeitung von Wild und Wildgeflügel. Und Bertl hatte die Aufgabe, dieses Wild herbeizuschaffen – auf unterschiedlichste Weise. Er war also so etwas wie ein Wildeinkäufer. Bertl dachte eigentlich, dass dieser Beruf damals eigens für ihn neu erschaffen worden war, unbedarft wie er war, doch da lag er natürlich weit daneben. Wildhändler gab es schon seit ewigen Zeiten und unter ihnen auch zu allen Zeiten genügend notorische Windhunde, die dafür sorgten, dass ihr Ruf ein katastrophaler war. Ihr Image lag weit abgeschlagen hinter den Gebrauchtwagenhändlern und den Versicherungsvertretern. Einem Wildhändler traute man den Abschluss eines ehrlichen und fairen Geschäftes überhaupt nicht zu, oder anders gesagt, man erwartete es gar nicht von ihm. Dementsprechend begegnete man ihnen. Aber das wusste Bertl damals wirklich nicht, das muss man ihm zugutehalten. Er hatte sich für den Termin im Forstgut Silberwald sorgfältig vorbereitet, packte an Unterlagen in seine Tasche, was er finden konnte und machte sich auf den Weg. Man konnte jetzt nicht gerade sagen, dass er sich frohen Mutes auf den Weg gemacht hätte, das wäre ohne Zweifel übertrieben gewesen, aber er war fest entschlossen, eine erfolgreiche Verhandlung zu führen mit der durchaus realistischen Aussicht auf eine gute und langfristige Geschäftsbeziehung. Denn das war das Ziel, eine vertrauensvolle, langfristige und korrekte Geschäftsbeziehung. Er sah sich als Vertreter einer angesehenen Firma mit einem ganz normalen, fairen Angebot. So sah er das.

Die Wegbeschreibung, die ihn zum Jägerhaus von Valentin führen sollte, war etwas ungenau, sodass er dort, wo die schmale Asphaltstraße aufhörte und in einen holprigen Schotterweg überging, lieber noch einmal anhielt und in einem nahen Häuschen fragte, ob er auf dem richtigen Weg wäre. Ja, das Jagdhaus vom Valentin wäre da hinten in diesem Graben, er könne es gar nicht verfehlen, der Weg führe geradewegs dorthin, bekam er zur Auskunft. Also ratterte er weiter mit seinem klapprigen kleinen Lieferwagen, es waren immerhin noch etwa fünf Kilometer, dann versperrte ein Schranken die Forststraße. Er war abgeschlossen, und man sah weit und breit kein Haus. Bertl wunderte sich ein bisschen, dass ihm Valentin nichts von diesem versperrten Schranken gesagt hatte. Aber gut, Bertl klemmte sich seine Unterlagen unter den Arm und machte sich zu Fuß auf den Weg, weit konnte es ja nicht mehr sein, dachte er. Er stapfte noch eine gute halbe Stunde durch den lichten Lärchenbestand taleinwärts, bis er hinter der nächsten Kurve ein schmuckes Jägerhaus hervorlugen sah. Das kleine Grundstück um das Haus war fein säuberlich eingezäunt, ein paar Spielgeräte aus Holz wiesen darauf hin, dass hier auch Kinder wohnten, an den Fenstern hingen prächtige Blumen, eine Idylle. Gerade als Bertl sich bemerkbar machen wollte, brauste ein stattliches Geländefahrzeug den Weg herauf, den er soeben zu Fuß gekommen war, und hielt knapp vor seinen Zehen. Ihm entstiegen zwei gestandene Jäger, der eine in einer pechernen alten Lederhose und einem etwas vorwitzigen, sichtlich schadhaften, abgewetzten Hut mit einer verkehrt aufgesteckten Spielhahnfeder, der andere in deutlich noblerem Loden mit breitkrempigem Hut und einem mächtigen Gamsbart daran. Ohne sich irgendwie vorzustellen, begrüßten sie Bertl und baten ihn mit ins Haus zu kommen. An der Schwelle meinte der eine mit der groben Ledernen und dem gespitzten Hut, der wohl der Valentin sein musste, man möge möglichst leise sein und auch die Schuhe ausziehen, denn seine Frau würde wahrscheinlich noch ihr Mittagsschläfchen halten.

In der geradezu klinisch sauberen guten Stube saßen die drei Männer nun am Jogltisch, der Gekreuzigte im Herrgottswinkel, der hier flankiert war von zwei kapitalen Gamskrucken, schaute mit schmerzverzerrtem Blick auf sie herab. Valentin begann beinahe im Flüsterton die Konversation. Der andere, feinere Herr, von dem Bertl noch nicht wusste, wer er war, hielt sich vorerst nobel zurück.

Und Bertl begann so, wie er dachte, dass man eine geschäftliche Besprechung beginnen sollte. Er beschrieb mit blumigen Worten sein Unternehmen und unterbreitete das Angebot, sämtliches Wild aus der Wildkammer wöchentlich abzuholen und nach Anlieferung im Betrieb bestmöglich zu bezahlen. Er selbst hielt diese seine Präsentation für geradezu großartig, und es blieb ihm lange Zeit ein Rätsel, was es daran auszusetzen gab und warum sich immer wieder solche fanden, die daran herumnörgelten.

Da tauchte plötzlich die Frau von Valentin auf, sie hatte tatsächlich noch ein wenig verschlafene Augen, trug aber ein überaus hübsches Dirndlkleid mit blitzsauberer Schürze, lächelte schüchtern und bewirtete die drei Jäger wortlos mit Kaffee und selbst gebackenem Kuchen.

Der noblere von den beiden Männern, der bisher nicht viel gesprochen hatte und von dem Bertl immer noch nicht wusste, wer er war, begann nun doch allmählich zu plaudern. Er erging sich in allgemeinen Betrachtungen über die Ethik der hohen Jagd, kam auf Erzherzog Johann zu sprechen und auf dies und das, lobte seine tiefe Verbundenheit mit dem Jäger Valentin, der halt noch ein echter und aufrechter Vertreter seines Standes sei und führte auf diese Weise das Gespräch immer weiter fort von der ursprünglichen Absicht, über den Wildeinkauf zu sprechen. Eine Zeit lang ging Bertl darauf ein, denn er war ja schließlich auch nicht auf der Nudelsuppe dahergeschwommen, wie man so sagt, und er war durchaus in der Lage, ein Gespräch über verschiedene Aspekte der Jagd zu führen. Und so philosophierte man über das Gamswild, über die Notwendigkeit der Hochwildfütterung, über Sinn und Unsinn von Wintergattern und über das leidige Thema Trophäenkult, dem man selbst natürlich keinesfalls huldige, der aber immer noch weit verbreitet wäre und so zum schlechten Ruf der Jagd beitrage. Und so nebenbei geruhte der noblere von den beiden Männern nun auch seine Identität preiszugeben. Er war nämlich der Besitzer des Nachbarrevieres, des Forstgutes Sterneck, und ein Nachkomme eines altösterreichischen Adelsgeschlechts – er wollte damit sagen, dass er ein Baron wäre oder gar ein Graf, jedenfalls ein Hochwohlgeborener! Das half Bertl aber auch nicht weiter, und seine Ehrfurcht vor aufgeblasenen Landadeligen hielt sich sowieso in Grenzen. Also versuchte er noch einmal die Kurve zu kriegen und wollte auf sein Anliegen, nämlich den Wildeinkauf zu sprechen kommen. Doch als die beiden Jäger nun begannen, die Vorzüge des Wildhändlers, mit dem sie schon seit Jahren ihre Geschäfte abwickelten, in den höchsten Tönen zu lobpreisen, begann es Bertl langsam zu dämmern, dass diese „Geschäftsreise“ wohl zu keinem erfolgreichen Abschluss führen würde.

Er entzog dem dahinplätschernden Gespräch seine Aufmerksamkeit und widmete sich dieser etwas skurrilen Situation, in der er sich befand. Da war einerseits der grobschlächtige, derbe und etwas verschlagene Berufsjäger, der stets das Gefühl vermittelte, nicht ganz das zu sagen, was er sich dachte. Neben ihm saß ein adeliger Großgrundbesitzer, der seine Großspurigkeit weit heraushängen ließ und sprachlich und auch optisch einen eklatanten Kontrast zu Valentin darstellte. Und sozusagen dazwischen wuselte eine sehr adrette, aber auf eine geradezu unangenehme Art unterwürfige Ehefrau um die beiden herum, Bertl hätte sich nicht gewundert, wenn sie dem Valentin auch die Schuhbänder zugebunden hätte, wenn er sie dazu aufgefordert hätte. Und das Haus, jedenfalls der Teil, den Bertl einsehen konnte, war eine einzige Putzigkeit. Kitschige Dekorationen allenthalben, da ein gesticktes Deckchen, dort ein röhrender Hirsch auf einem Wandbehang, Blumengestecke aus Plastik und auf dem Fernseher der unvermeidliche Hinweis auf Weltläufigkeit, eine venezianische Gondel. Dazwischen fanden sich natürlich die Trophäen des Hausherrn, auf bunt bemalten Schildchen montiert. Bertl bekam das Gefühl, auf einer Heimatbühne zu sitzen und unfreiwilliger Teilnehmer eines merkwürdigen Stehgreiftheaters zu sein. Seinen Kaffee hatte er ausgetrunken, den staubtrockenen Marmorkuchen höflichkeitshalber hinuntergewürgt. Aus dem Geschäft konnte nichts mehr werden, also drängte er zum Abbruch des Gespräches. Der Graf überreichte ihm noch eine Visitenkarte, die ein prächtiges

Familienwappen zierte, und meinte, man könne ja zu einem späteren Zeitpunkt wieder einmal über Geschäfte sprechen, dann war der Wildeinkäufer entlassen. Bertl trippelte ins Vorhaus, wo er eiligst seine Schuhe anzog. Er packte seine Unterlagen unter den Arm, machte sich durch den lichten Lärchenbestand auf den halbstündigen Weg talauswärts zu seinem hinter dem verschlossenen Schranken abgestellten Auto.

Es hatte leicht zu regnen begonnen, die Nebelschwaden hingen in den Wipfeln der Bäume. In einer Haselnussstaude neben dem friedlich dahinmurmelnden Bächlein versammelte sich eine kleine Schar Meisen und begann dort ein zeterndes Pfeifkonzert. Als dann auch noch ein Eichelhäher aufstob und seinen schnarrenden Ruf durch das enge Tal schmetterte, kam es Bertl vor, als würde sich auch die Natur über ihn lustig machen und ihn lautstark verspotten. Gerade als er sich durch den engen Durchlass des hermetischen Zaunes zwängte, um an sein Auto zu gelangen, vom unbedeckten Kopf bis zu den für so eine Wanderung ungeeigneten Straßenschuhen völlig durchnässt, traute er seinen Augen kaum: Das mächtige Geländefahrzeug mit den beiden Jägern brauste daher, Valentin öffnete den Schranken, um durchzufahren, versperrte die Barriere hinter sich wieder in aller Seelenruhe und donnerte hinaus aus dem Tal. Bertl stand mehr oder weniger daneben, sie würdigten ihn keines Blickes mehr. Sie hatten ihn also tatsächlich beide Wegstrecken zu Fuß gehen lassen und offensichtlich beide Male genau die halbe Stunde gewartet, die Bertl für den Weg vom und zum Schranken benötigte, um ihm dann machtvoll zu demonstrieren, wer hier das Recht hatte, den Weg zu befahren!

Das machte ihn zornig, aber noch viel mehr machte es ihn traurig. Noch nie in seinem Leben war man ihm mit so einer zynischen Geringschätzung entgegengetreten, damit konnte er gar nicht umgehen, das konnte er sich auch überhaupt nicht erklären. Warum hatten ihn sowohl der hochnäsige Landadelige als auch der hölzerne Berufsjäger behandelt wie einen dahergelaufenen Lausbuben?

Den zweiten Gesprächstermin, den er hier in der Gegend mit dem Obmann einer Jagdgesellschaft vereinbart hatte, ließ er sausen. Er sagte telefonisch ab und verwendete irgendeine saublöde Ausrede. Er hatte keine Lust mehr und fuhr geradewegs zurück in den Betrieb. Frau Erlbacher war die erste Person, der er seine Frustration vor die Füße werfen konnte. Und das tat er. Wie könne es sein, dass man als Wildeinkäufer wie der letzte Dreck behandelt werde? Er habe doch nichts anderes im Sinn als vernünftige und faire Geschäftsbeziehungen aufzubauen! Er könne sich nicht erklären, warum seine gut vorbereitete Präsentation mit großer Skepsis aufgenommen und eine korrekte Abwicklung der Bezahlung heftig bezweifelt würde. Die Sekretärin hörte sich die Klagen geduldig an und nichts, aber auch gar nichts deutete darauf hin, dass sie irgendetwas von dem, was Bertl erzählte, sonderlich überraschte. „Ich weiß", sagte sie nur, „unsere Branche hat einen sehr schlechten Ruf."

Bertl war ziemlich durcheinander, aber aufgeben wollte er zu dieser Zeit eigentlich noch nicht. Sein erklärtes, aber doch reichlich unrealistisches Ziel war es, den Ruf des Wildhändlers mit seiner Arbeit zu verbessern. Dass ihm das letztlich natürlich nicht gelang, kann hier bereits vorweggenommen werden.

Nur wenige Tage nach dem denkwürdigen Termin beim Jäger Valentin machte er sich zu einer weiteren Mission auf. Er kündigte seinen Besuch bei der Wildsammelstelle Pöllinger an, und dahin fuhr er nun aber doch sehr frohen Mutes, denn die Familie Pöllinger kannte er persönlich sehr gut. Dorthin hatte er früher schon sein Wild geliefert, als er noch selbst eine kleine Jagd sein Eigen nannte und noch weit davon entfernt war, ein Wildeinkäufer zu sein. Er war sich vollkommen sicher, bei einem freundschaftlichen Gespräch sehr rasch ins Geschäft zu kommen, die könnten ja gar nicht anders, dachte er.

Bertl läutete an der Tür und hatte ein fröhliches Lächeln auf den Lippen, als Frau Pöllinger öffnete. Doch seine Stimmung änderte sich rasch. Frau Pöllinger war vollkommen konsterniert, sie konnte nicht glauben, dass Bertl im Auftrag ausgerechnet dieser Firma daherkam. Fassungslos blickte sie abwechselnd auf das Auto mit der Firmenaufschrift, auf den leicht verdatterten Bertl, noch einmal auf das Auto und wieder in die erstaunten Augen von Bertl. „Also, wenn ich Sie nicht sehr gut kennen würde, mein Lieber, kämen Sie mir heute nicht über meine Schwelle. Mit dieser Firma wollen wir nichts mehr zu tun haben!“ Bertl wurde bleich. Er durfte mit in die Küche kommen, bekam einen Platz angeboten und einen Fruchtsaft aufgetischt. Was er dann allerdings zu hören bekam, war schrecklich. Es wurde kein freundschaftliches Plauderstündchen, sondern eine gnadenlose Anklage gegen die Firma und deren üble Geschäftspraktiken. Niemand im Betrieb hatte ihm gesagt, dass es bereits gescheiterte Beziehungen gegeben hatte, man ließ ihn kaltblütig ins Messer laufen. Und nun saß er da bei der verbitterten Frau Pöllinger und dem zornigen Herrn Pöllinger, der dazugekommen war, um dem Vertreter dieser ungeliebten Firma ebenfalls die Leviten zu lesen, ohne zunächst zu wissen, dass es sich dabei um den Herrn K. handelte, den er ja in einem ganz anderen Zusammenhang sehr gut kannte und auch schätzte.

Bertl war selbstverständlich außerstande, dem Gespräch auch nur ansatzweise eine positive Wendung zu geben, er wusste über weite Strecken gar nicht, worüber die beiden sprachen. Der Firmenchef musste ihnen wohl gehörig zugesetzt haben, jedenfalls verließ er das Haus wie ein geprügelter Hund und wusste wohl von diesem Tag an, dass er in dieser Branche seine Füße nicht auf den Boden bringen würde.

Nur einmal noch in der restlichen Zeit, die er mit dieser für ihn äußerst erniedrigenden Arbeit verbrachte, empfand er so etwas wie Genugtuung und ein wenig hämische Freude. Denn mehrere Wochen nach ihrem Treffen rief doch tatsächlich dieser Valentin Steiner noch einmal an und bekundete allen Ernstes Interesse an einer Zusammenarbeit – mit seinem bisherigen Wildhändler hätte es zunehmend Schwierigkeiten gegeben. Und nun machte Bertl keinen Fehler mehr. Er zeigte sich interessiert, meinte aber, gerade gar keine Zeit zu haben, noch einmal ins Jagdhaus von Valentin zu fahren und lud diesen dazu ein, doch zu ihm ins Büro zu kommen, er könnte auch den Herrn Grafen mitbringen und bei dieser Gelegenheit gerne auch gleich den ganzen Betrieb besichtigen. Als Termin schlug er den Mittwochvormittag vor, und zu seiner maßlosen Überraschung sagte der knorrige Jäger tatsächlich zu, die 120 Kilometer zu ihm auf sich zu nehmen.

Mittwoch um 10 Uhr rauschte der beeindruckende Geländewagen von Valentin Steiner auf das Firmengelände, und zwei mächtige, wohlgekleidete Weidmänner entstiegen dem Gefährt: der Valentin und der Graf Sterneck! Bertl rieb sich die Hände. Er ließ die beiden gut zehn Minuten warten und eilte ihnen dann höchste Überlastung vorgaukelnd entgegen. Im Hof gab es tatsächlich reges Treiben, Wildlieferungen kamen an, ein großer LKW verlud gerade Tiefkühlware, man sah allenthalben blutverschmierte Fleischhauer zu den Containern schlurfen. Die beiden Jäger machten große Augen. „Entschuldigen Sie, dass Sie warten mussten, Sie sehen ja selbst, was hier los ist", begrüßte Bertl die beiden mit gespielter Hektik und führte sie in den Betrieb. Er hatte den Mittwoch mit Bedacht gewählt, denn das war der einzige Tag, an dem hier wirklich etwas los war, und das sollten die beiden Jäger unbedingt sehen. Bertl zeigte ihnen noch rasch ein paar Betriebsstätten, wo überall mit sichtbarem Eifer gearbeitet wurde. Das Kühllager der angelieferten Tiere war zum Bersten voll. „Ja, Sie sehen, unser Betrieb läuft auf vollen Touren. Und da muss ich Ihnen leider auch eine betrübliche Mitteilung machen, wir sind gar nicht mehr in der Lage, Ihr Wild aufzunehmen, wir sind so gut wie ausgelastet. Und außerdem ist natürlich Ihr Standort auch etwas zu weit entfernt, unsere Sammeltouren kommen nicht in Ihre Gegend, da haben wir leider auch keine Kapazitäten mehr", schwadronierte Bertl. Der Valentin und der Graf erstarrten, sie waren auf ein lockeres Geschäftsgespräch eingestellt gewesen, bei dem sie dem vermeintlich etwas naiven Wildhändler einen kolossalen Preis für ihr Wildbret abzuluchsen gedachten und auch sonst noch einige Sonderkonditionen aushandeln wollten, und jetzt das! „Ja, aber ...", begann Valentin völlig verschreckt, doch Bertl schnitt ihm das Wort ab. „Also, tut mir Leid, dass Sie den weiten Weg umsonst machen mussten, aber leider ..., ich muss dann auch wieder, die Arbeit ruft. Auf Wiederschaun und Weidmannsheil, die Herren!" Bertl verschwand in seinem mickrigen Büro. Vom Fenster aus beobachtete er die zwei Jäger, die wie angewurzelt dastanden und begannen, ihrem Unmut Luft zu machen. Die Arme in die Hüften gestemmt, spuckte Valentin ein paar Mal heftig auf den Boden, und irgendwie war Bertl froh, dass er die Worte nicht mehr hörte, die über das Firmengelände polterten. Aber ein sehr zufriedenes Grinsen konnte er sich nicht verkneifen. Und wenn er den beiden auch keinen Schranken vor der Nase zuschließen konnte, diese Lektion dürften sie dennoch verstanden haben.

Die Behauptung, der Betrieb wäre überlastet, war natürlich gelogen, und seinem Betriebsleiter und selbstverständlich der Sekretärin tischte er eine ganz andere, gut erfundene Geschichte auf. So blieb die Aktion ohne Folgen, außer eben der kleinen Genugtuung, den beiden in sehr schlechter Erinnerung gebliebenen, arroganten Jägern aus dem Silberwald ordentlich eines ausgewischt zu haben. Und das zauberte auch Tage später noch manchmal ein leichtes Lächeln in das Gesicht von Bertl.

Seine Karriere als Wildhändler ging dann auch bald zu Ende. Er schaffte es nicht, den Ruf von Wildhändlern nachhaltig zu verbessern.

Beim Mooswirt

Am Jägerstammtisch beim Mooswirt saßen jahraus, jahrein dieselben knorrigen Männer. Manchmal feierten sie, dass die Gläser klirrten, manchmal stritten sie sich, dass die Fetzen flogen, und manchmal logen sie, dass sich die Balken bogen. Fast immer aber soffen sie weit mehr, als sie vertragen konnten.

Da war einmal der Wastl, ein verschmitzter, eher klein gewachsener Berufsjäger, der nicht sehr viel redete, in jagdlicher Hinsicht aber Kompetenz und Autorität verkörperte, er war ja auch der Hegemeister der Gemeinde. Eigentlich war er ein recht besonnener und liebenswerter Mensch. Eine Unart konnte er sich allerdings bis ins hohe Alter nicht so recht abgewöhnen: Der Hintern einer Kellnerin zog ihn nach ein paar Schnapserln und ein paar Bier geradezu magisch an, und er konnte nicht anders, als den meist jungen und reschen Damen immer wieder einen mehr oder weniger zärtlichen Klaps darauf zu geben. Da gab es durchaus solche, die sich das gerne gefallen ließen und mit einem verschämten Erröten quittierten, aber manchmal hat er sich natürlich auch Ärger damit eingehandelt.

Dann war da der Sepp. Ein „hoabuachana", wie man so sagt, kräftig, schneidig, konditionsstark – beim Jagern und beim Wirtshaus-Sitzen. Mit eng abgesteckten Prinzipien, die er mit Zähnen und Klauen verteidigte, manchmal wurde das auch seinen Stammtischfreunden zu viel.

Und natürlich der Michel. Er war so etwas wie der „Hallodri" unter den Jägern, auch er aus grobem Holz geschnitzt, groß und hager, mit tief zerfurchtem Gesicht und spitzbübisch blitzenden Augen. Er war bekannt für seine ausgeprägte Phantasie beim Erzählen seiner jagdlichen Abenteuer. Sein Bier trank er stets aus der Flasche, und er rauchte ganz schändliche Zigaretten, mit denen er sich letztlich seine Lunge vollends zerstörte. (Die Geschichte spielt in den 60er-Jahren des vorigen Jahrhunderts, in einer Zeit, als es noch zusammengedrückte, filterlose Zigaretten der Marke „Austria C" gab, dagegen waren die späteren Haschisch-Joints ein milder Lercherlsch...)

Selbstverständlich kamen noch weitere Jäger immer wieder einmal zum Mooswirt, aber die drei genannten waren so gut wie immer dort. Sie bildeten sozusagen den harten Kern des Stammtisches und passten darauf auf, dass dieser nicht umfiel! Und so wussten auch alle anderen Jäger des Dorfes: Wenn es etwas Jagdliches zu besprechen gab, dann blieb einem der Weg zum Mooswirt nicht erspart.

Am Bauernsilvester-Abend (das ist immer der 30. Dezember) versammelten sich allerdings nicht nur die Jäger beim Mooswirt. An diesem traditionellen „Bauernfeiertag" war praktisch das ganze Dorf auf den Beinen, da ging es wirklich hoch her. Zwischen den Weihnachtsfeiertagen, während der sogenannten Raunächte, wurden ohnehin nur die nötigsten Arbeiten verrichtet, im Übrigen beschäftigte man sich mit Kirchgang, dem Ausräuchern böser Geister und der Segnung von Mensch und Tier in Haus und Hof. Und am Tag vor Silvester gedachte man einer alten bäuerlichen Gepflogenheit. An diesem Tag hatten in früherer Zeit die Knechte und Mägde auf den Bauernhöfen den noch ausstehenden Lohn für die Arbeit des abgelaufenen Jahres bekommen und wurden freigestellt. Die einen blieben am Hof, wenn es halbwegs erträglich war, die anderen suchten sich eine neue Bleibe. Zur Feier des Tages jedoch trafen sich alle im Wirtshaus, und meist wurden die paar Heller, die sie in den Taschen hatten, restlos verjubelt. Man nannte das „Oans-Wein-Trinken", der heilige Eligius weiß, warum. In den 60er-Jahren war das nicht mehr so, da feierten am Bauernsilvester alle miteinander.

Es war in einem Jahr, in dem der Winter mit grimmiger Kälte und meterhohem Schnee das ganze Tal beinahe lahmgelegt hatte. Am Nachmittag traf man sich auf der Eisbahn zum traditionellen Bratl-Schießen. Rosl, die Wirtin, stand schon seit dem frühen Morgen in der Küche, um Knödel, Sauerkraut und Schweinsbraten vorzubereiten.

Und gerade noch bevor die Dunkelheit hereinbrach, wurden sich die beiden Moarschaften unter lautem Gejohle darüber einig, wer nun was zu bezahlen hatte und stürmten die Gaststube, die natürlich aus allen Nähten platzte. Überall saßen die Leute: im Vorhaus, in der Küche und in der Stube, auf wackligen Schemeln, auf Bierkisten und Wäschekörben, das spielte keine Rolle. Die Stimmung war bestens, Bier und Wein gab es genug.

Da stürzte der Michel bei der Tür herein. Eiszapfen und Schneeballen hingen über und über an seinem Wetterfleck, mit schwerem Schritt polterte er auf den Jägertisch zu. „Stöllts eich vor", begann er noch ziemlich außer Atem und zwängte sich zwischen die verdutzten Männer, ohne Hut und Mantel abzunehmen. „Waun a scho sou aunfaungt!", dachte sich der Wastl und ahnte, was kommen würde, er kannte den Michel nur allzu gut.

Und Michel begann zu erzählen, dass er unbedingt noch einen Bartgams schießen hätte wollen in diesem Jahr. Deshalb hätte er sich noch einmal hinaufgekämpft durch hüfthohen Schnee bis zu den Felswandeln oberhalb des Ochsenkars, weil er dort von der Hütte aus schon ein Rudel Gämsen gesehen hätte. Es wäre eine elende Schinderei gewesen, doch wäre er bei passendem Wind auf gut 200 Meter an die Gämsen herangekommen. Hoch oben wären sie gestanden in den schroffen Felswänden, und ein starker Bock hätte geradezu heruntergewachelt mit seinen aufgestellten Grannen, da hätte es für ihn kein Halten mehr gegeben. Auf den Schuss hätte sich der Gamsbock hoch aufgebäumt, um dann tödlich getroffen über die ganze Felswand hinunter in ein Schneeloch zu stürzen. Und als er so dagesessen wäre und nachgedacht hätte, wie er nun über das steile Schneefeld zu den Felswänden gelangen sollte, um den Gamsbock zu bergen, wäre ein Adler über den Felsengrat hereingesegelt und hätte seine Kreise just über der Absturzstelle des Gamsbocks gezogen. „Und stöllts eich vor, auf oamol stiazt der Odla auf deis Schneeloch obi, pockt den Gams in seine Fäng und steigt wieda auf in die Luft. Mit schware Schwingenschläg tuat a genau zu mir her, und wia a grod über mir herdraht, valosst eam die Kroft, und da Gams follt oba, genau vor meine Fiaß!"

Die Jäger wussten ja, was davon zu halten war, aber weil während der Erzählung vom Michel die ganze fidele Gesellschaft den Atem anhielt und der unglaublichen Geschichte lauschte, taten sie ihm den Gefallen und ließen ihn gewähren. Da gab es etliche, die ihm die Sache wirklich glaubten, andere meldeten leise Zweifel an, doch der Michel beharrte mit todernster Miene darauf, dass er nichts als die reine Wahrheit erzählt hätte, zum Beweis lag ja schließlich der pechschwarze Gamsbock draußen vor der Tür. Die Bartgrannen hatte er schon gerupft und feinsäuberlich in Zeitungspapier gepackt, feierlich zog er sie aus seinem Rucksack und legte sie auf den Tisch vor den Jäger Sepp, der damit wohl auch schon den Auftrag erhielt, daraus einen Gamsbart für den Hut vom Michel zu binden. Denn das war das unbestrittene Fachgebiet vom Sepp.

Nun wurde dieser Bauernsilvester auch noch eine Gamsteier. Der Michel bekam zwar ab und zu einen Rempler von einem Jäger, den er stets mit einem verschmitzten Grinsen und einem Augenzwinkern beantwortete, er wusste ja, dass seine Jagdkollegen nicht ganz so leicht hinters Licht zu führen waren. Aber die ganze übrige Gesellschaft hatte ihm die Geschichte mit dem Adler geglaubt, schließlich beherrschte er die hohe Kunst, Jägerlatein zum Besten zu geben.

Doch ganz auf sich sitzen lassen wollte die verschworene Jägerschaft die Sache nicht, und die folgenden langen Winterabende, vornehmlich im Gasthaus, boten reichlich Gelegenheit, darüber nachzudenken, wie man dem Michel mit einer Retourkutsche kommen könnte.

Das Frühjahr zog bereits langsam herein ins Tal, der Schnee wich allmählich zurück, und die Bergrücken waren schon aper, als der Jaga-Sepp mit dem jungen Franz vom Michlbauer zum ersten Mal in diesem Jahr „Salztragen" ging. Als sie ganz oben waren am Gamsriedel, die letzte Salzlecke befüllt hatten und hinunterschauten ins Ochsenkar, wo noch meterhoch Schnee lag, begannen Sepps Augen auf einmal zu blitzen und zu Franz meinte er nur: „Kimm, geh mit, i haun a Idee!"

Sie suchten sich eine schöne, steile Rinne, in der bis zum Almboden hinunter Schnee lag, und rutschten mit der „Jagastock-Technik" talwärts. Ganz hinten im Kar, unter den Felswandeln, machten sie sich an die Arbeit. Aus dürren Lärchen- und Kiefernästen bastelten sie ein mächtiges Hirschgeweih, das – von einiger Entfernung aus betrachtet – tatsächlich eine verblüffende Ähnlichkeit mit einem echten Geweih hatte. Dann suchten sie sich eine passende Mulde in der Nähe einer verkrüppelten und halb vermorschten Almfichte, formten dort mit weiterem trockenem Astwerk so etwas wie ein Gerippe eines Hirsches, platzierten das Geweih dazu, stapften etwa fünfzig Meter weit weg und begutachteten ihr Werk. „Kaunst sogn wos'd wüllst, deis schaut aus wia a vaendeter Hirsch, wos sogst du, Franz?" Franz zog aus seinem Rucksack ein kleines Flascherl mit Hochprozentigem heraus und prostete dem Sepp lachend zu: „Auf deis trink ma oan, Weidmannshaö!" Der erste Teil des Planes war ausgeführt. Die

2019

beiden Jäger machten sich auf den Heimweg, natürlich darauf achtend, dass sie möglichst bald wieder in ihrem Revier waren und keine verräterischen Spuren hinterließen.

Am nächsten Tag saßen sie schon am frühen Nachmittag beim Mooswirt. Sie brauchten nicht lange zu warten, und das Motorrad vom Michel ratterte auf den Hof. Wastl war auch schon da, und weil sonst nicht besonders viel zu tun war, saßen noch weitere drei oder vier Jäger am Tisch und vertrieben sich die Zeit mit einem Kartenspiel. Sepp hatte gerade ein Bummerl gewonnen, da wandte er sich an den Michel: „Michel, stöll da vor", begann er und bemühte sich redlich, ein ernstes Gesicht beizubehalten. Dann erzählte er seinem Nachbarjäger, dass er am Vortag mit dem Franz Salztragen gewesen wäre am Gamsriedel, dort wäre kaum noch Schnee. Aber als sie von ganz oben dann so ins Ochsenkar hinuntergeschaut hätten, also ins Revier vom Michel, da hätten sie ganz oben unter den Felswandeln in einer Mulde ganz in der Nähe einer verkrüppelten Fichte einen verendeten Hirsch ausgemacht, und zwar einen hochkapitalen, so ein gewaltiges Geweih hätten sie überhaupt noch nie gesehen. Vom Hirsch wäre wohl nur mehr das Gerippe übrig, aber das Geweih würde die Mühe jedenfalls lohnen, da baldigst Nachschau zu halten, bevor es vielleicht ein Skitourengeher oder später ein Schwammerlbrocker findet.

Michels Blut kam in Wallung. Zunächst wollte er es natürlich nicht recht glauben, doch Sepp versicherte ihm mit solchem Nachdruck, dass das die Wahrheit wäre und verwies auch auf Franz, der ja schließlich Zeuge wäre und den Hirsch ebenfalls gesehen hätte. Auch Franz riss sich zusammen und bestätigte im Brustton der Überzeugung, dass da ein hochkapitaler Hirsch läge, vom Gamsriedel aus wäre er gut sichtbar gewesen, von der Alm aus würde er aber wahrscheinlich nicht zu sehen sein, da müsste man schon ganz hinaufgehen. Eine markante Krüppelfichte stünde ganz in der Nähe, da könne er gar nicht fehl gehen. Im Michel arbeitete es gewaltig. Er versuchte nach Kräften, seine Aufregung herunterzuspielen, aber die Aussicht auf ein solches Hirschgeweih vernebelte seine Gedanken. So gleichmütig wie möglich versprach er, in den nächsten Tagen einmal Nachschau zu halten. Und bestellte sich umgehend ein Puderl Schnaps.

In aller Herrgottsfrüh stand der Sepp am nächsten Tag wieder in seinen Bergschuhen. Es war ihm nicht zu dumm, noch einmal auf den Gamsriedel zu gehen, denn er war sich hundertprozentig sicher, dass Michel keine Zeit verlieren würde, um diesen Hirsch zu finden. Franz kam mit, das wollten sie sich von oben mit dem Spektiv ganz genau anschauen. Wenn nötig, würden sie da oben den ganzen Tag warten auf den Michel. Doch das war nicht nötig.

Die beiden hatten gerade ein passendes Platzerl gefunden, von wo aus sie freie Sicht auf die bewusste Stelle hatten, da sahen sie Michel bereits über die Alm heraufdampfen. Spaziergang war das keiner, die Schneedecke trug ihn ein paar Schritte, dann sank er wieder ein bis zu den Hüften, man konnte die eine oder andere Unmutsbekundung bis auf die Schneid herauf hören. Kerzengerade zog es ihn zu der Krüppelfichte hin. Erst als er über die letzte Kuppe kam und nun offenbar den „Hirsch" zum ersten Mal sah, blieb er stehen. Er musterte die Lage kurz mit dem Fernglas, dann begann er zu laufen und stolperte Hals über Kopf hin zu seinem kapitalen Fund. Er riss sich den Hut vom Kopf und schleuderte ihn zu Boden, dann trat er gegen das Geäst, zerrte das vermeintliche Hirschgeweih heraus und zerriss es in tausend Stücke. Sepp und Franz haben ihn dabei auch schreien gehört, vermutlich haben sie auch gehört, was er schrie, darüber wollen wir aber den Mantel des Schweigens breiten.

An den folgenden Tagen saßen die Jäger wie üblich am Stammtisch beim Mooswirt, nur von Michels Motorrad war nichts zu hören und vom Michel selbst war nichts zu sehen. Die anderen Jäger waren inzwischen eingeweiht, das Gelächter war groß, und es gab keinen, der sich der Schadenfreude entziehen konnte. Dem Michel hatte so eine Lektion schon lange einmal gebührt. Und als er dann doch wieder zum Mooswirt kam, der Michel, gab es natürlich Hohn und Spott im Überfluss. Michel musste das einstecken, schließlich konnte er ja auch austeilen. Und zumindest hinter vorgehaltener Hand hieß er von nun an der „Hirschgweich-Michel".

Eine denkwürdige Gamsjagd

„Hot a jeder seine Gamaschen im Rucksock?“, fragte der Franz seine Jagdkollegen und kramte umständlich herum in seinen Jagasachen. „Und Hauben und Handschuach! Oamoi miass ma sicher übernochtn auf da Hittn!“

„Mia gengan jo neit is erschte Mol Jagern, moch da koane Sorgen, Franz“, meinte der Sepp bedächtig, und der Hias pflichtete ihm bei, sie wüssten ja wohl selbst, was sie erwarten würde und welche Ausrüstung sie dazu bräuchten. „Kontrollierts eichare Toschenlampen, neit dass die Batterien laa san oder so wos“, setzte der Franz nach.

„Hiaz holt aber die Luft aun, du Schlaumeier, mir san jo koane Deppen neit!“, maulte der Hias, aber es war nicht böse gemeint, sie kannten ja ihren Franz, der neigte stets dazu, alles immer ganz besonders genau zu nehmen, und da konnte er ab und zu auch übertreiben.

Die drei Männer, gute Freunde und langjährige Jagdkameraden, rüsteten sich für die Gamsjagd, das Ende des Jahres rückte näher, es waren noch ein Bock und eine Geiß zum Abschuss frei. Das Wetter war nicht gerade einladend, aber versuchen wollten sie es doch noch einmal. Der Winter zeigte sich von der grimmigen Seite, es lag schon ziemlich viel Schnee, und der Wind wehte kalt und stürmisch ums Haus. Aber bekanntlich gibt es für Jäger eigentlich kein schlechtes Wetter, die drei Männer waren jedenfalls guter Dinge.

„Hobts eh gnua Jausen mit?", fragte der Sepp. „I haun ma holt a fests Trumm Speck einpockt, wal vahungern wüll i neit!" Franz grinste: „Do host Recht, Sepp, i wüll a neit vahungern, und wia is ba dir, Hias, hot da dei Weiberl wohl wos Gscheits mitgeben?" „Do mochts eich amol koane Sorgen, mei Weiberl schaut guat auf mi!"

„Also Obmarsch, schau ma, dass ma auffi kemman!"

Mit dem alten Jeep von Franz ratterten sie los. Auf die Vorderräder hatten sie Schneeketten montiert, trotzdem kamen sie nicht sehr weit auf dem tief verschneiten Güterweg, der auf die Alm führte. Zu hoch lag der Schnee, aber damit hatten sie ohnehin gerechnet. Also schnallten sie sich ihre Schneeteller an, packten sich ihre Rucksäcke auf den Buckel, das Gewehr schräg darüber, und stapften in den Winterwald hinein. Der Wind ließ ein wenig nach, und die Sicht war gar nicht so schlecht, der Schnee trug ganz gut, so konnten sie hoffen, zügig hinaufzukommen. Und wenn die Gämsen nicht allzu hoch stünden, wer weiß, vielleicht würde es am Nachmittag schon passen.

Drei Stunden bis zur Hütte musste man auf jeden Fall rechnen. Die Männer wechselten sich ab mit dem Spur machen, wenn der Hias vorne war, maulte Franz ab und zu nach vorne: „Moch neit so große Schritt!" Aber sonst wurde kaum ein Wort gesprochen, der Weg nahm nach und nach an Steilheit zu, und auch die Schneedecke wuchs merklich an, je weiter sie nach oben kamen. Da musste man mit seinen Kräften sorgfältig haushalten, um im Tritt zu bleiben.

Aus dem Hochwald hinaus über eine steile, mit einzelnen Zirben bestandene Leite, auf der im Sommer der Almrausch blühte, kämpften sie sich tapfer hinauf. Als sie über die nächste Geländekante drüber waren, sahen sie auch schon hin zur Gamshütte und hinein ins riesige Kar, das von kleinen und größeren Felsbrüchen gesäumt war. Das Wetter schien sich etwas zu bessern, da und dort öffneten sich sogar blaue Sonnenfenster, der Wind war erträglich. Was aber noch wichtiger war, er wehte ihnen ins Gesicht. Allerbeste Bedingungen also für die Gamsjagd!

Während Franz und Sepp sich auf ihre Rucksäcke setzten und trachteten, ihren Pulsschlag wieder etwas zu beruhigen, leuchtete Hias das Kar bereits mit seinem Fernglas ab, man hätte eigentlich die Gämsen schon sehen müssen. Er sah aber keine. Auch die beiden anderen Jäger setzten nun ihre Ferngläser an, auf diese – allerdings noch sehr große – Entfernung war tatsächlich nichts zu sehen. Aber selbstverständlich konnten sie von ihrem Standort beileibe nicht alles einsehen, ein echter Grund zur Besorgnis war das noch nicht.

„Hiaz geih ma amol za da Hittn, daunn schau ma weiter", sagte Franz und übernahm wieder das Spurtreten, es mochte noch eine halbe Stunde sein, die sie für den Weg bis zur Hütte brauchten.

Die Gamshütte stand ganz oben am sonnseitigen Ausläufer des Ochsenkars auf einem etwas erhöhten, ebenen Platzerl, ein wenig windgeschützt von einer knorrigen Zirbengruppe und so halbwegs lawinengeschützt von einem mächtigen Felsbrocken, der irgendwann einmal vielleicht vor tausend Jahren oder mehr von oben, vom Sonntagskogel, mit Getöse hierher in die Tiefe gestürzt sein mochte. Gleich daneben befand sich eine kleine Quelle, die da munter aus dem Berg sprudelte, und zu den Gämsen war es nicht mehr weit. Einen besseren Platz für eine Gamshütte kann man sich nicht vorstellen. Aber natürlich lag, als die drei Jäger ihr erstes Ziel erreicht hatten, ein Patzen Schnee auf und um die Hütte. Der Eingang und die Fenster mussten also erst einmal freigeschaufelt werden. Vor allem Sepp zeigte deutlich erste Anzeichen von Erschöpfung. An der Rückseite der Hütte befand sich ein notdürftiger Verschlag, in dem Brennholz gelagert war, von dort holte Franz ein paar Scheiter und machte sich daran, im kleinen Kanonenofen Feuer zu machen. Hias und Sepp holten sich ihre Jause aus den Rucksäcken und begannen zu essen.

„Jo meine lieabn Freind, waunn ihr hiaz scho schwächlts, wer ma heit wuhl neammer za die Gams kemman!“, spöttelte der Franz.

„Moch da koane Sorgen, du Schwerenöter, schau, dass du die Bude amol worm krieagst, daunn red ma weiter!“

Das mit dem Feuermachen war so eine Sache. Der kleine Ofen hatte seine Tücken, denn man musste zuerst einmal für einen ordentlichen Zug sorgen. Da reichte es nicht, einfach ein Feuerchen zu entfachen, sondern es musste Papier und trockenes Reisig in großer Menge entzündet werden. Leider brachte das meist mit sich, dass zuerst einmal die ganze Hütte in Rauchschwaden gehüllt war, auch diesmal war es nicht anders.

„Du sullst uns do neit ausraichern, du sullst a Feier mochen!“, maulte der Sepp. Erst kurz bevor Franz wirklich die Geduld verlor, gelang ihm der Durchbruch, der Rauch verzog sich allmählich, und im Ofen knisterte heimelig das Feuer. Es war früher Nachmittag. Das Wetter war gut, der Wind zog noch immer herunter vom Berg.

„Also, Maunner, wiea schauts aus, gemma's aun?“ Franz hatte sein unerschütterliches Selbstvertrauen wiedergefunden und wollte wohl auch zum Ausdruck bringen, dass er hier der Chef war. Was ja auch gar niemand in Frage stellte. Schließlich war es ja seine Jagd und seine Gamshütte.

„Wisst's wos“, meinte der Sepp ein bisschen kleinlaut, „I moan, i bleib do in da Hittn und pass aufs Feier auf, geht's eis zwoa amol alloanig eini in die Olm.“

Wenn auch die Versuchung für Franz und Hias sehr groß war, gleich wieder über die offenbar mangelnde Kondition ihres Mitjägers zu spötteln, hielten sie sich diesmal damit zurück, weil es genau betrachtet gar keine schlechte Idee war, dass einer in der Hütte blieb und das Feuer im Ofen bewachte. Also willigten sie ein, trugen dem braven Hüter des Feuers noch auf, im großen Topf tüchtig Schnee zu schmelzen, damit am Abend genug Teewasser vorrätig sein würde und machten sich fertig zum Abmarsch. Sie kontrollierten ihre Repetierbüchsen noch einmal genauestens, putzten die Gläser der Zielfernrohre und verschlossen Fernrohr und Mündung sorgfältig mit den entsprechenden Lederkappen. Dann wickelten sie sich ihre Gamaschen um die Schienbeine, schnallten sich wieder ihre Schneeteller an die Füße, packten sich die nun bedeutend leichteren Rucksäcke auf den Buckel (die Jause und das Dosenbier ließen sie natürlich in der Hütte) und brachen auf. Der Schnee trug immer noch recht passabel, der Weg hinein zur Alm war jetzt nicht mehr so steil, der Wind war erträglich und stand ihnen immer noch im Gesicht.

Die erste steile und breite Rinne, den sogenannten „Lahnstraf", erreichten sie nach einer halben Stunde. (Diese Rinne hieß so, weil dort ziemlich sicher jedes Jahr im Frühjahr zumindest eine Lawine, eine „Lahn", herunterdonnerte.) Hias schaute sich die Augen aus, es war auf der ganzen elenden Leitn kein Gams zu sehen, obwohl es zwischendurch immer wieder ein paar kleine Kuppen gab, die abgeweht waren und durchaus Äsung geboten hätten, wenn auch recht karge. Also stapften sie weiter, aber als sie auch um den nächsten Bergkamm, den Hirschenriedel, herum waren und wieder keinen einzigen Gams ausmachen konnten, begann ihre Hoffnung für diesen Tag doch merklich zu schwinden. Nach einer kurzen Beratung traten sie den Rückzug an, es blieb nicht mehr genug Zeit, um noch weiter aufzusteigen, die Dämmerung würde sich bald heraufschleichen aus dem Tal und sie mussten noch zurück zur Hütte.

Sepp hatte inzwischen den Ofen zum Glühen gebracht, das trockene Birkenholz krachte und fauchte, dass es eine Freude war. Auf der feuerrot sengenden Platte stand nicht nur ein ziemlich großer Topf mit heißem Wasser, sondern auch eine Rein mit einer nach Speck und Knoblauch duftenden Eierspeise. Wohlig knisternde Wärme machte sich breit in der urigen Hütte. Ein bisschen roch es auch schon nach Schnaps, denn der Sepp hatte ja doch einige Zeit zu überbrücken gehabt und sich gedacht, er könnte sich ja schon einmal einen staubigen Tee genehmigen. Franz und Hias waren begeistert, sie entledigten sich ihrer Ausrüstung, stellten die eiskalten Schuhe zum Ofen, hingen ihre Wetterflecke auf die Holzstangen, die neben dem Ofenrohr von der Decke hingen, und machten sich unverzüglich über die Eierspeise her, die da so herrlich dampfte. Sepp richtete ihnen auch gleich einen kräftigen Jagatee. Draußen vor der Hütte wurde es allmählich dunkel, und drinnen flackerten ein paar Kerzen und eine Petroleumlampe.

Sie saßen nicht zum ersten Mal gemeinsam in der Jagdhütte, die drei Männer verband eine jahrelange Freundschaft, die sich in allererster Linie über die gemeinsame Leidenschaft für die Jagd definierte. Der eine, der Franz, war der Wirt unten im Dorf, der Sepp war der etwas behäbig gewordene Doktor und der Hias der kernige Bauer am Leitenbauer-Hof. Jeder ein gestandenes Mannsbild in den besten Jahren, jeder wirtschaftlich unabhängig und mit einem tadellosen Ruf im Dorf. Damit das auch so blieb, besprachen sie das eine oder andere Problem auch manchmal in so konspirativer Atmosphäre wie hier auf der Jagdhütte, um sicherzugehen, keine ungeliebten Zuhörer zu haben, doch es war nichts Böses, was die drei im Schilde führten. Meist ging es um die kleinen Dinge des täglichen Lebens im kleinen Bergdorf, und wenn es um größere Entscheidungen ging, dann wussten sie, wie und womit der Bürgermeister auf ihre Seite zu bringen war, wenn es denn nötig war. Da musste sich keiner der Mühsal hingeben, sich in den Gemeinderat zu setzen und dort seine Zeit zu vergeuden.

An jenem Abend hatten die drei Männer keine besonders wichtigen Themen zu besprechen, sodass sie sich recht bald dem Kartenspiel widmen konnten. Sepp, der ja auch unten im Tal dafür zuständig war, den Leuten aufmunternde und heilende Substanzen zu verabreichen, übernahm die Aufgabe, den Tee im großen Topf auf dem Herd mit der wohldosierten Menge an Rum, Schnaps und Zucker zu vermischen und darauf zu achten, dass die Häferln der drei Jäger niemals leer wurden. So schlich sich beim harmlosen Dreier-Schnapsen die wohlige Seligkeit eines warmen Hüttenrausches in ihre Köpfe, und nach und nach sank ein jeder in seine Bettstatt und entfleuchte in den tiefen Schlaf des Gerechten.

„Auf, auf, Männer! Es wird scho Tog!“ Franz rappelte sich als erster hoch, streckte seine müden Glieder in der inzwischen wieder ausgekühlten Hütte und beeilte sich, seine Lodenkluft wieder überzuziehen. Ein wenig schlaftrunken erhoben sich dann auch die anderen beiden und zogen sich an. Man entschloss sich, nur rasch ein paar Bissen zu frühstücken, um so schnell wie möglich zur Alm zu kommen, denn das Wetter verhieß nichts Gutes. Der Himmel war ungewöhnlich dunkel verhangen, nur zaghaft und unschlüssig säuselte der Wind, einmal vom Berg herunter, dann wieder aus dem dunklen und mächtigen Hochwald herauf, und es war nicht sonderlich kalt. „Ma rieacht in Schnee!“, raunte Hias vor sich hin und Franz pflichtete ihm bei. „I glab aa, dass heit nouch zan schneibn aunfaungt.“

In den Rucksack kam nur das Nötigste. Das Gewehr auf den Buckel geschwungen und die Schneeteller an die Füße gebunden, so stapften die drei Jäger bergan, Hias machte die Spur und drosselte das Tempo, damit auch Sepp gut mithalten konnte. Sie sollten ja auch nicht außer Atem kommen, denn wenn es vielleicht schnell zugehen müsste beim Schießen, wäre ein zu hoher Pulsschlag nicht besonders dienlich. Doch auch diesmal erreichten sie den Lahnstraf, ohne eine einzige Gämse zu sehen. Um den Hirschenriedel gingen sie noch herum, dann machten sie eine kleine Pause. Und ganz hinten, unter der Schneekoppe, erspähte der Hias dann doch noch ein Scharl Gams. Es waren etwa zehn bis zwölf Stück, gut und gerne zwei Stunden anstrengenden Aufstiegs entfernt. Die Männer zogen sich jetzt auch ihre Schneehemden über und machten sich wieder auf den Weg. Bedächtigen Schrittes zogen sie hinein in das riesige Kar. Die Gämsen nahmen sie noch nicht wahr, der Wind stand leidlich gut, wenn er auch immer wieder einmal drehte und zu Besorgnis Anlass gab.

Es begann leicht zu schneien. Sie kamen jetzt an den Fuß eines mächtigen Felsbrockens, der etwa in der Mitte des Kares so eine Art Mitterberg darstellte und in dessen Schatten sie für einige Zeit das kleine Gamsrudel aus ihrem Blickfeld verloren. Sie umgingen den „Mugel", wie der Berg genannt wurde, auf der oberen, nördlichen Seite. Aber als sie den Blick auf die Schneekoppe wieder frei hatten, waren keine Gämsen mehr zu sehen. Sie mussten weiter hinaufgezogen sein, oben am Riedel gab es vielleicht noch ein paar abgewehte Stellen, wo es karge Äsung gab. „Do haum ma heit koa Schauß mehr, die Gams krieagn ma neamma." Und wenn der Hias so etwas sagte, dann wollte das etwas bedeuten, denn so schnell gab der normalerweise nicht auf. Aber die Aussichten standen tatsächlich schlecht, und die drei Jäger waren ein wenig verzagt.

Ein kleines Stück war es noch bis zum „Fürstenstand", wie der Franz seinen höchstgelegenen Hochsitz in einem Anflug landadeligen Größenwahns genannt hatte, bis dorthin wollten sie noch kommen (auch wenn der Hochsitz kaum zu erkennen war unter den Schneemassen), denn von dort hatte man wirklich fast das ganze Kar im Blick. Vielleicht ließen sich ja doch noch ein paar Gämsen blicken. Auf einem nahen Fels machten sie nun noch einmal Rast, packten die Jause aus und stärkten sich auch mit ein paar kräftigen Schlucken aus der Schnapsflasche. Es hatte wieder aufgehört zu schneien, die Sicht war tadellos, der Wind kaum zu spüren. Und so saßen sie auf dem Fürstenstand, auf der ganzen Flanke zum Sonntagskogel hinauf war kein einziger Gams zu sehen, unter der Schneekoppe – nichts – auf der anderen Seite Richtung Lärchkogel, die nicht so felsig war und bis weit hinauf von einzelnen, knorrigen Zirben bewachsen war – kein Gams weit und breit! Zwei Stunden lang wollten sie es nicht wahrhaben, dann packten sie ohne viel Worte zusammen. Gerade als es wieder zu schneien begann, waren sie zurück bei der Hütte, heizten ordentlich ein, machten sich eine Bohnensuppe aus der Dose warm und löffelten sie missmutig in sich hinein.

„Bleim ma nou amol ieba d'Nocht, deis wa jo glocht, waunn mia do koan Gams krieagatn", meinte der Franz. Seine Jagdfreunde waren nicht begeistert, aber was sollten sie machen. Am nächsten Tag war Silvester, und danach war Schonzeit für die Gämsen! Also blieben sie und legten ihre Hoffnungen in den nächsten Tag.

Während der Nacht schneite es bedächtig. Um 7 Uhr früh sah Franz zum ersten Mal aus dem Fenster. Es hatte aufgehört zu schneien, ein dumpfes Wolkenungetüm hing über der ganzen Alm, kein Luftzug verhieß Besserung. Die altersschwache Hüttentür ließ sich nur mit Mühe öffnen, schwer lag der nasse Schnee davor. Die Stimmung unter den Jägern war am Tiefpunkt. Franz und Hias suchten griesgrämig die Schaufeln, die an die Hüttenwand gelehnt ebenfalls im Schnee versunken waren, und begannen, den Eingangsbereich freizuschaufeln, während Sepp die letzten Holzscheite im Ofen entfachte und aus den Resten ihres Proviants eine Art Frühstück bereitete.

„I geh eich heit neamma mit, deis sog i enk glei“, schnaubte der Dorfdoktor und gab damit seiner tiefen Überzeugung Ausdruck, dass es vollkommen sinnlos wäre, bei diesen Verhältnissen noch einmal auf die Gämsen zu gehen. Hias und Franz tranken noch ein paar Häferln Tee und kauten die trockene Brotrinde. Wortkarg und mit gesenkten Köpfen saßen sie um den Hüttentisch herum. Aber ganz wollten sie es eben doch nicht wahrhaben, dass dieses Jahr tatsächlich ohne einen einzigen Gamsabschuss zu Ende gehen sollte, und während sie so vor sich hin sinnierten, besserte sich das Wetter. „Schaut's her, es ziag a bissl auf, vielleicht kunnt mas douch nou amol probiern“, meinte der Hias und versuchte sogar, mit ein paar halbwegs lustigen Witzen die Stimmung ein wenig zu heben. Und es war ja auch wirklich wahr, wozu hätten sie denn noch einmal übernachtet in der saukalten Hütte, wenn sie jetzt doch unverrichteter Dinge abziehen würden. Hias und Franz wurden sich also nach einigem Hin und Her doch einig, noch einmal aufzusteigen. Nun mussten sie aber noch den Doktor davon überzeugen, und das war ein hartes Stück Arbeit. Sie redeten ihm zu wie einem kranken Pferd, versprachen ihm, dass er nur hinten nachgehen müsse und dass sie auch nicht vorhatten, weiter als bis zum Lahnstraf zu gehen. Keinesfalls wollten sie aber den Sepp alleine in der Hütte zurücklassen.

Ihre Überredungskünste hatten Erfolg. Das Wetter besserte sich tatsächlich, ab und zu blinzelte sogar der blaue Himmel durch, die Sicht war gut, der Wind mäßig und die Temperatur mild. Der Schnee war nass und patzig, aber mit den Schneeschuhen konnte man es wagen. Also packten die drei Männer zusammen, wickelten sich ihre Gamaschen um die Wadln, schnallten sich die Schneeteller an und stapften los. Hias und Franz machten abwechselnd die Spur, Sepp prustete hinterdrein.

Ein Blick hinauf auf den Sonntagskogel machte dem Franz ein wenig Sorgen. Am Bergrücken gleich unterhalb des Gipfels klebte eine gewaltige Schneewechte am steilen Hang, von den Felswandln war nichts zu sehen. Sehr ungewöhnlich, dachte er sich, doch so lange er sich zurück erinnern konnte, war von dort gerade oberhalb der Hütte noch nie etwas heruntergekommen. Er sagte nichts zu seinen Freunden, ein etwas mulmiges Gefühl blieb ihm aber doch im Magen.

Bis zum Lahnstraf brauchten sie diesmal eine gute Stunde. Kein einziger Gams war auf der ganzen steilen Leitn samt ihren kleinen Wandln und Felsvorsprüngen zu sehen, die Jäger konnten es kaum glauben. Natürlich beschlichen nun auch den Hias und den Franz gewisse Zweifel, und der Sepp hatte es ja sowieso schon vorher gewusst. „I haun enk eh schou ba da Hittn gsogt, dass deis sinnlos is. Mia kemman zu koani Gams!“, brummte er vor sich hin. „Schau ma wenigstens nou iban Hirschenriedel auffi, irgendwou miassn sie jo sei“, versuchte der Hias den anderen noch einmal Mut zu machen, und „unter Protest“, wie der Doktor anmerkte, quälten sie sich weiter. Es war eine elende Plackerei. Nach gut 300 Metern waren sie um den Ausläufer des Hirschenriedels herum, und die Gesichter wurden immer länger. Kein einziger Gams war weit und breit zu sehen. „I hauns von Aunfaung aun gwisst, aber mir hot jo koana glabt“, insistierte der Sepp. „Jo, host Recht ghobt, aber probiern haum mas miassn“, wendete der Franz ein. Auch der Hias war recht kleinlaut, setzte sich auf seinen Rucksack und nahm einen Schluck aus der Schnapsflasche. Die drei Jäger holten sich die Reste ihrer Jause heraus und aßen lust- und wortlos auf, was noch da war.

Es war ganz still. Der Wind verharrte regungslos, die Wolkendecke verdüsterte sich wieder. Ein leises, sanftes Rauschen begann durch die Luft zu schweben, von irgendwo her nach irgendwo hin. Zuerst kaum hörbar, sodass keiner der Jäger es als erster bemerken wollte, dann aber kräftiger werdend und den Ton wohl um eine kleine Terz hebend, noch immer aus keiner Richtung kommend. Es war kein Donner eines aufziehenden Gewitters, es war kein

Windsturm über der winterlichen Alm, es war ein stetig ansteigendes Fauchen nicht erkennbarer Herkunft. Die Blicke der drei Männer trafen sich kurz, dann schauten sie hinauf zum Hirschenriedel, an dessen Ausläufer sie gerade gejausnet hatten. Doch es war nichts Ungewöhnliches zu sehen, der schwere Schnee lag friedlich auf den Hängen und in den kleinen Mulden. Die Bäume, schwer beladen mit der weißen Last, standen unbewegt und stolz. Das Fauchen erhöhte noch einmal den Ton und wurde lauter, zunehmend begleitet von tosendem Bersten und dröhnendem Krachen, dessen Widerhall von hinten, von den schroffen Felswänden der Schneekoppe, sich noch einmal überschlagend über die Köpfe der Jäger warf. Dann plötzlich wurde aus dem Brausen und Zischen ein tobendes Gebrüll, polternd, so als würde der von wutschäumenden Pferden gezogene Wagen des Thor über geborstene Felsen donnern.

In scheinbar unendlicher Langsamkeit erhob sich eine Wolke aus Unheil verkündendem Grau über dem Hirschenriedel, der den Männern die Sicht auf das Geschehen verwehrt hatte. Das gewaltige Tosen und Krachen kam langsam und ächzend zum Erliegen und füllte mit seinem schaurigen Echo die ganze Alm mit dumpfem Stöhnen. Und jetzt erst, nach einigen scheinbar ganze Ewigkeiten dauernden Minuten, tobte ein Windstoß, ein Sturmwind, ein Orkan die Alm herauf, fegte den Jägern die Hüte vom Kopf, pfefferte ihnen mit Eiskristallen vermengten Gesteinssand ins Gesicht und in die Augen, sodass sie beinah erblindet wären. Ein einziger, heftiger Stoß, eine Druckwelle war es, dann legte sich die Stille, die vorher geherrscht hatte, wieder über die ganze Alm, als wäre nichts geschehen.

Die drei Männer wussten, was passiert war. Sie rafften ihre Sachen zusammen und verstauten alles in ihren Rucksäcken, kreidebleich und ohne ein einziges Wort machten sie sich auf den Weg.

Als sie am Lahnstraf vorbei waren und die kleine Geländekuppe erreicht hatten, von der aus man zum ersten Mal wieder auf die Gamshütte sehen hätte können, blieben sie stehen und erstarrten. Der ganze Berghang unterhalb des Sonntagskogels war gerodet, eine graubraune Geröllpiste klaffte wie eine riesige, blutende Wunde am Berg. Schnee, Eis, Bäume und Unmengen von Gestein waren zu Tal gestürzt, hatten alles unbarmherzig mit sich gerissen und das untere Almkar mit einer wild zerklüfteten, gigantischen Masse gefüllt, aus der Baumstämme herausragten wie Streichhölzer. Die Hütte war nicht mehr zu sehen, auch der Felsen, der sie hätte schützen sollen, war verschüttet, ein Meer aus Schnee und Eis und Stein und abgeschlachtetem Holz lag über allem. Die Jäger sanken auf ihre Knie und dann ganz in sich zusammen, einer schrie sein Entsetzen lauthals hinunter ins Tal, der zweite schluchzte in seine zitternden Hände, der dritte lag bäuchlings im Schnee und verbarg sein Gesicht in den verschränkten Armen. Keiner war in der Lage, auch nur ein einziges Wort über seine Lippen zu bringen.

Niemand weiß, wie lange es gedauert hat, bis sich die Männer gefasst hatten und wieder aufrichteten. Stumm, mit fahlen Gesichtern und leeren Augen blickten sie sich an und fielen sich in die Arme. Sie waren dem sicheren Tod entronnen, was hätte man da sagen sollen? Hias schließlich faltete seine immer noch zittrigen Hände, hob seinen Blick nach oben und begann mit bebender Stimme: „Vater unser im Himmel ...“ Franz stimmte ein in das Dankesgebet, und auch Sepp konnte sich dem nicht entziehen, obwohl er eigentlich nicht in der Lage war, an eine göttliche Vorsehung und Ähnliches zu glauben. Ehrfürchtig und fromm standen sie da, die drei Jäger, und dankten Gott für ihr Leben.

Der Abstieg ins Tal war mühsam. Kraftlos, völlig erschöpft und ausgelaugt erreichten die Männer erst bei Einbruch der Dunkelheit den auf dem Güterweg zurückgelassenen Jeep, den sie nun mit allerletzter Kraft noch von seiner Schneedecke befreien mussten. Am Dorfplatz unten verabschiedeten sie sich, wieder stumm, sich umarmend und mit einer so tiefen Innigkeit, wie sie sie noch nie in ihrem Leben empfunden hatten. Es war jetzt nicht mehr nur die Freundschaft dreier Männer, die sie verband, es war ein seidenumspannter Käfig des gemeinsamen Schicksals, in dem sie sich nun befanden, sie hatten ein Ereignis miteinander erlebt, dessen mächtige Schwere und dessen schicksalhafte Bedeutung nur sie selbst im ganzen Umfang ermessen konnten.

Keiner von ihnen konnte zu Hause seiner Familie erzählen, was geschehen war. Erst Tage und Wochen später war es ihnen möglich, mit ihren Frauen und Kindern nach und nach über die gewaltige Lawine zu sprechen, die die Gamshütte in Stücke gerissen und unter sich begraben hatte und die Männer getötet hätte, wären sie nicht zwei Stunden vorher noch einmal aufgebrochen, um nach den Gämsen zu sehen.

Der Stefaniriegler

Es war der 26. Dezember, 7 Uhr morgens. Ein Stefaniriegler war angesagt, wie jedes Jahr am Stefanitag. Mein Wecker rasselte ungnädig, mein Blick fiel auf das Fenster, ein dunkelgrauer Schleier schien davor zu hängen. Auch der Tag hatte also noch keine Lust, aus der Dämmerung zu kriechen. Ich räkelte mich, warf aber dann die Tuchent doch zur Seite und torkelte noch ein wenig schlaftrunken zum Fenster. Es schneite in großen Flocken. Man sah kaum hinunter auf den Hof, wo sich auf den Autodächern über Nacht eine ansehnliche Schneehaube gebildet hatte. Also kein Stefaniriegler, dachte ich. Doch noch ehe ich mich wieder in meine warmen Federn werfen konnte, tuckerten zwei Autos in den Hof, bedächtig, wie es schien, den frisch gefallenen Schnee vor sich herschiebend. Es waren ohne Zweifel zwei Jäger, die zur Jagd geladen waren. Zwei unverbesserliche Optimisten, dachte ich.

Ich zog mir lockere Jagdkleidung an, denn mit einer Treibjagd würde es ja wohl nichts werden. Da aber einige Jäger auch im Haus wohnten, stellte ich mich auf einen jagdlichen Vormittag in der Gaststube ein. Auch dabei kann es mitunter recht abenteuerlich zugehen. Doch als ich in die Stube trat, befand sich dort schon eine erstaunliche Anzahl von Jägern in voller Montur, schweren Bergschuhen mit Gamaschen, die Lodenmäntel auf die Kleiderhaken gehängt oder über die Sessellehnen geworfen. Ihre Gesichter waren noch etwas bleich, gewiss, trotzdem las ich in ihnen vor allem angespannte Vorfreude. Die Stimmung war geradezu feierlich, und kein einziger von ihnen machte den Anschein, dass er auch nur im Entferntesten an der Sinnhaftigkeit einer Treibjagd bei diesem Wetter zweifelte! Und mein Vater schon gar nicht, er schmunzelte vor sich hin und trug ein Tablett mit bis zum Rand gefüllten Schnapsgläsern durch die Runde, konziliant eine kleine Stärkung anbietend. Ich brauchte nicht zu fragen, ob der Stefaniriegler stattfinden würde, er fand statt.

Das dunkle Grau draußen vor den Fenstern verschwand zwar allmählich, es wurde etwas heller, schneite aber unverändert heftig. Der Wind, der sonst fast immer durch das Tal fegte, hielt inne, die Schneeflocken fielen senkrecht vom Himmel. Auf zehn Meter Entfernung konnte man die Umrisse eines sich von einem fortbewegenden Menschen noch erkennen, nach zwanzig Metern umschlang ihn der undurchsichtige Mantel des fallenden Schnees. Ich war ziemlich sicher, dass eine Jagd bei diesen Verhältnissen keinen Sinn hatte, hielt aber den Mund als junger Spund, der ich damals eben war. Also ging ich wieder in mein Zimmer und kleidete mich den widrigen Wetterverhältnissen gemäß.

Mein Vater war der „Feldherr" des Unternehmens, mit ein paar Worten erläuterte er den geplanten Ablauf. Dann stapften etwa zwanzig Jäger, eingemummt in ihre schweren Lodenmäntel und verwegenen Sturmhauben, zu ihren Fahrzeugen, um im Konvoi in den Lärchgraben zu fahren. Wir ratterten den Güterweg taleinwärts bis zum oberen Lärchbacher und noch ein kleines Stück weiter, bis wir im tiefen Neuschnee stecken blieben. Dort ließen wir die Autos stehen und brachen auf, bis über die Knie im Schnee versinkend. In Ermangelung von Treibern (die für diese Aufgabe einige Tage zuvor angeheuerten jungen Burschen waren natürlich nicht gekommen!) mussten vier Schützen als solche herhalten, für meinen Vater war es Ehrensache, der Bartl und der Sepp erklärten sich ein wenig grummelnd auch dazu bereit, und selbstverständlich gab es für mich als jüngstem Teilnehmer kein Entrinnen.

Im Graben wurden ein paar Rückschützen angestellt, bei der Gamshütte wollten wir Treiber uns treffen und talauswärts andrücken. Beginn des Triebes: in drei Stunden. Zum Abschuss frei: Kahlwild und geringe Hirsche, keine Gams! Weidmannsheil!

Als kleiner Bub nahm mich mein Vater einmal mit zum Christbaumholen, wir stapften durch den tief verschneiten Winterwald, und ich glaubte meinem Vater mit glänzenden Kinderaugen, als er mir erzählte, dass hier gerade noch das Christkind vorbeigekommen sein müsste, und weiter oben, da, wo unser Christbaum stünde, könnten wir es vielleicht sogar noch sehen. Ich nahm alle meine Kräfte zusammen, um meinem Vater folgen zu können, letztlich musste er aber doch den Christbaum mitsamt seinem ermatteten Sohn auf seinen Händen tragen, das Christkind hatte ich nicht gesehen. Die friedlich fallenden Flocken, das lockere Stieben bei jedem Schritt, die fast feierliche Stille, aber auch die übermäßige Anstrengung, die für ein Vorankommen erforderlich war, erinnerte mich ein bisschen an dieses Erlebnis aus der Kindheit.

Den Lärchriedel aufwärts krochen wir mehr als wir gingen, hinter uns zehn schnaufende und schwitzende Jäger. Die Spur machte einmal mein Vater und dann wieder ich. Auf der ersten Blöße wurde der dickste und älteste Schütze abgestellt, er hatte etwa fünfzig Meter Schussfeld, von denen er allerhöchstens dreißig Meter weit einsehen konnte. Er sollte so lange hier stehen, bis er wieder abgeholt würde. Weidmannsheil.

Zwei unserer Hochwildjäger waren Brüder, die sich durchaus ähnelten, beide waren Brillenträger, und obendrein trugen sie fast das gleiche Jägergewand. Den einen, den Fritz, stellte mein Vater als nächsten ab, mit den gleichen Anweisungen wie für den ersten Schützen, zur Abwechslung wünschte er guten Anblick. Nach 100 Metern, gerade über eine kleine Kuppe gelangt, drehte er sich um, sah den vermeintlichen Fritz wieder hinter sich, ärgerte sich, dass dieser nicht wie angewiesen stehen geblieben war und raunte ihm zu: „Na, dann bleib halt hier stehen." Es war aber nicht der Fritz, sondern sein Bruder Werner. Die beiden Brüder standen nun für die nächsten vier Stunden gerade einmal 100 Meter voneinander entfernt, das wusste aber nur der Werner. Der unterhalb postierte Fritz konnte das nicht ahnen, hörte immer wieder einmal ein Knacken, ein leises Schnauben und Keuchen knapp oberhalb der Kuppe, die er nur schemenhaft durch den Nebel des fallenden Schnees erblicken konnte, und wartete vier Stunden darauf, dass sich der Hirsch, den er da oben vermutete, endlich zeigen würde!

Die übrigen Schützen wurden wieder in gebührlichem Abstand angestellt.

Wir erreichten schweißgebadet die Baumgrenze, die veranschlagten drei Stunden waren längst vorüber. Schneeflocken, fast so groß wie Tischtennisbälle fielen unvermindert vom Himmel, auch der Wind gesellte sich jetzt dazu und blies uns in die Lodenjanker. Wir wateten den Bergrücken entlang bis zum Eck vom Almzaun, das gottlob von einem längeren Zaunpfahl markiert war, der gerade noch aus dem Schnee ragte. Von da, das wussten wir, konnten wir geradewegs talwärts steigen, um auf Höhe der Gamshütte auf die beiden anderen Treiber zu stoßen. Wir stiegen nicht, wir rutschten, stolperten, taumelten und stürzten den halsbrecherisch steilen Hang hinunter. Nach einigen Versuchen, in Rufkontakt zu kommen, trafen wir tatsächlich auf den Bartl und den Sepp. Und da wehte dann der erste Hauch eines Zweifels am Sinn unserer Unternehmung daher, der Sepp nämlich brummte vor sich hin, dass er keine einzige Rotwildfährte wahrgenommen hätte und dass er vermute, die noch bevorstehenden Strapazen ganz und gar umsonst auf sich nehmen zu müssen. Vater ignorierte selbstverständlich solche kleinmütigen Bedenken und verfiel geradezu in einen Befehlston, als er uns erklärte, wie wir den steilen Hang talauswärts bis zum oberen Lärchbacher zu durchkämmen hätten. Er selbst übernahm den höchsten und natürlich schwierigsten Teil, er wollte wieder zum letzten angestellten Schützen kommen und im Abstieg über den Lärchriedel alle anderen Jäger einsammeln. Und bei der Bergung und Bringung von erlegtem Wild behilflich sein. Und außerdem gewappnet sein gegen eventuell aufkommende Kritik, er hätte da vielleicht jemanden überfordert, also übernahm er selbst das größte Streckenpensum.

Wir versanken bei jedem Schritt bis zu den Hüften im Schnee. Es schneite immer noch in großen Flocken. Die Sicht betrug nach wie vor nicht mehr als zwanzig bis dreißig Meter. Wir trennten uns und wateten und robbten durch das dichte Holz, talauswärts, einigermaßen die Höhe haltend, ab und zu mit dem Stock gegen einen Baum polternd, aber ohne wirkliche Hoffnung, tatsächlich Rotwild hoch zu machen. Keine Fährte weit und breit. Stille, düstere Stille, der ganze Tag und alles Leben verbargen sich unter dem grauen Mantel unauflöslicher Dämmerung, die Zeit – eine Illusion, alles stand still, bewegte sich nicht.

Nach einer guten Stunde elender Schinderei hörte ich meinen Vater aus scheinbar unendlicher Ferne rufen: „Aufpassen! Hirsch! Hirsch!“ Und tatsächlich, nach kurzer Zeit sah ich vor mir im Altholz, verschleiert von Nebel und anhaltendem Schneefall, wie sich ein mächtiger Wildkörper mit dampfendem Windfang durch die schweren Schneemassen wuchtete, talabwärts, voller Zorn darüber, von seinem gemächlichen Bett aufgestöbert worden zu sein, wo er gedachte, den großen Schneefall vorübergehen zu lassen. Während der paar Sekunden war es mir nicht möglich, das Stück anzusprechen, geschweige denn mein Gewehr in Anschlag zu bringen, also rief ich hinunter zum nächsten Treiber: „Aufpassen! Hirsch!" Und dem erging es vermutlich gleich wie mir, jedenfalls hörte ich keinen Schuss und kämpfte mich weiter bis hinaus auf den Lärchriedel, wo nach geraumer Zeit die oberhalb postierten Schützen mit meinem Vater wie außerirdische Wesen aus dem Nebel auftauchten. Sie sahen aus wie tollpatschige Schneemänner, deren Gliedmaßen durchgefroren waren und aus deren Gesichtern die anfängliche Jagdfreude vollkommen gewichen war. Wir stapften wortlos ins Tal.

Unsere Autos waren unter den Schneemassen verschwunden, nur ihre Konturen, die sich aus der schneeweißen Wiese erhoben, verrieten ihren Standort. Wir mussten jedes einzelne mit dem Traktor vom Oberen Lärchbacher zur Straße hinunterziehen und zwei Jägern, die nahe am körperlichen Zusammenbruch waren, beim Abstieg unter die Arme greifen. Der Schnaps aus den paar Flachmännern, die herumgereicht wurden, reichte bei Weitem nicht aus, um unsere Stimmung aufzuhellen.

Auf die Fährte des Hirsches, der den Trieb ohne Schaden verlassen hatte, trafen wir übrigens noch einmal. Sie führte geradewegs über die verschneite Wiese knapp an unseren abgestellten Autos vorbei hinunter in den Graben. „Warum hat keiner geschossen?", fragte mein Vater.

Bauernsilvester

Der Simon war der Wirt in dem kleinen Bergdorf, von dem hier die Rede sein soll. Er war ein schneidiger und hitziger Mann, führte ein strenges und patriarchalisches Regime bei ihm zu Hause und war ein ehrgeiziger und ausgefuchster Jäger. Allein, er hatte keine herrschaftliche Jagd zu seiner Verfügung, wie er es gerne gehabt hätte, sondern musste sich mit einer kleinen Gemeindejagd bescheiden, die seinen großmännischen Ambitionen bei Weitem nicht gerecht wurde. Das wurmte ihn manchmal.

Der Valentin war der Förster in besagtem Bergdorf, und der war nicht nur forstlich, sondern auch jagdlich für ein Großrevier zuständig, welches im Besitz eines Klosters war und an reiche deutsche Jagdgäste verpachtet wurde. Auch er war ein Patriarch der alten Schule, ein wenig „herrisch" in seiner Art und in Jägerkreisen nicht sonderlich beliebt. Seine Aufschneidereien gingen den meisten ziemlich auf die Nerven, außerdem redete er von „seinem" Löwental stets so, als wäre es sein eigener Besitz, in dem er unumschränkter Herrscher wäre. Das wurmte den Simon auch manchmal.

Die beiden Männer verband eine schicksalhafte und in hohem Maße rivalisierende Freundschaft, die Jagd war ihre gemeinsame Leidenschaft, aber auch sonst fanden sich durchaus übereinstimmende Interessen, vor allem was den Umgang mit so manchen Freuden des Lebens betraf. Ihr lebenslanges Gefecht trugen sie aber, jedenfalls für dörfliche Verhältnisse, überwiegend mit feiner Klinge aus.

An einem prächtigen Brunftmorgen im Oktober eines Jahres, in dem die beiden Hitzköpfe noch recht jung waren, begab es sich, dass einer der honorigen Jagdgäste von Valentin im Löwental einen kapitalen und reifen Hirsch zur Strecke brachte. Zur standesgemäßen Feier dieses Ereignisses lud der stolze Schütze das halbe Dorf am Abend ins Gasthaus von Simon ein. Und natürlich war auch die mitgereiste Familie des honorigen Herrn Biedermann dabei, worunter sich neben seiner Ehefrau und dem schwerhörigen Schwiegervater, dem dickbäuchigen Bruder und der Schwägerin samt halbwüchsigem Sohn auch seine Tochter befand, eine nur allzu liebreizende junge Dame mit blonden Haaren und einem Lächeln auf ihren Lippen, mit dem sie in der Lage war, die Fantasie aller anwesenden Männer auf das Heftigste zu beflügeln.

Valentin war im Vorteil. Während Simon damit beschäftigt war, den durstigen und hungrigen Gästen Speis und Trank zu servieren, buchstäblich im Schweiße seines Angesichts, konnte Valentin seinen Sitzplatz mit Bedacht und ein wenig Geschick ganz zu seinen Gunsten wählen, und der befand sich, wie unschwer zu erraten ist, direkt neben der anbetungswürdigen Blondine namens Carmen. Und damit nicht genug, reichte das Geschick von Valentin auch noch aus, um dafür zu sorgen, dass seine holde Ehefrau weit von ihm entfernt zu sitzen kam, neben dem selbstgefälligen Bürgermeister des Nachbardorfes, von dem Valentin mit großer Gewissheit annehmen konnte, dass er seine liebe Amalie den ganzen Abend anschwafeln würde und so für die gewünschte Ablenkung gesorgt war. Der schneidige Förster ließ von Anfang an keinen Zweifel daran aufkommen, dass er beabsichtigte, die Gunst der schönen Jägerstochter zu erobern. Und er balzte, dass es eine Freude war. Aber er hatte einen Rivalen. Denn die hübsche junge Dame brachte auch das Blut des temperamentvollen Wirtes in Wallung, und wann immer dieser Gelegenheit dazu hatte, fuhr er dazwischen, mit einem gewissen Charme, das war nicht zu leugnen, sodass die umworbene Schönheit bald Gefallen daran fand, beiden sich aufplusternden Hähnen schöne Augen zu machen. Zwischendurch ließ man auch den Hirschtöter von Zeit zu Zeit hochleben, der Michl hatte sogar seine Harmonika mitgebracht und mühte sich redlich, ein paar halbwegs passable Volksweisen zum Besten zu geben. Zu fortgeschrittener Stunde ging das aber nicht mehr gut, die zahlreichen Obstler und das köstliche Bier taten ihre Wirkung, und so musste Simon, der als einziger notgedrungen so einigermaßen nüchtern blieb, auch noch zur Harmonika greifen und für die musikalische Untermalung sorgen. Im Hinblick auf die Eroberung der liebreizenden Carmen geriet er dadurch allerdings in einen nicht mehr aufholbaren Rückstand. Valentin war der Sieger dieses Abends, da war nichts mehr zu machen.

Simon nahm die Niederlage sportlich, aber tief in seinem Inneren rumorte es gewaltig, in letzter Zeit hatte er nämlich schon ein paarmal den Kürzeren gezogen, ein Steinchen kam zum anderen, und er sann nach Rache. Und im November dieses denkwürdigen Jahres lief das Fass dann über! Es war ein kalter Sonntag, der erste Schnee hatte die Berge ringsum schon verzaubert und reichte herunter fast bis ins Tal, da erschien der Valentin im Gasthaus von Simon, in ausgesprochen heiterer Laune und in Begleitung der schönen Carmen, welche von Kopf bis Fuß in jagdlicher Kleidung steckte, so perfekt, dass man glauben hätte können, sie wäre gerade einem Katalog für Jagdbekleidung entstiegen. Da fehlte nichts, auch nicht der Knicker in der krachledernen Knickerbocker. Und am weit geschwungenen grünen Hut der Dame wehte ein riesiger Latschenbruch! Valentin tischte die Geschichte dazu auf: Carmen hätte soeben die Jägerprüfung bestanden – *bestimmt gelogen* – und hätte von ihrem Vater gleich einen Gamsabschuss genehmigt bekommen – *ebenfalls gelogen*

– und jetzt wären sie drei Tage hintereinander ins Ochsenkar aufgestiegen. Carmen hätte schließlich einen passablen Gamsbock zur Strecke gebracht – *alles erstunken und erlogen!* – und der Gamsbock liege zum Beweis vor der Haustüre. Simon glaubte kein einziges Wort, er war sicher, dass die ganze Geschichte nur zur Tarnung eines heftigen Techtelmechtels diente, und den Gamsbock hatte der Valentin ganz sicher selbst geschossen. Aber beweisen konnte man das natürlich nicht. Also machte Simon gute Miene zum bösen Spiel und feierte mit der „Jungjägerin" ihren ersten Gamsbock. Und die Idee für eine angemessene Retourkutsche nahm allmählich konkrete Formen an.

Mit seinem Schwager Hartl, dem er damals in jeder Hinsicht uneingeschränkt vertrauen konnte, setzte er sich eines Tages zusammen und schmiedete einen Plan. Den besten Gamsbock im Löwental, den müsste man dem hochnäsigen Valentin vor der Nase herausschießen, das wäre eine reizvolle Rache für die schmachvollen Niederlagen der letzten Zeit. „Aber wie willst du das machen", fragte Hartl ein wenig verzagt, „da müssten wir ja wildern gehen!". Genau, meinte Simon, genau das würden sie machen, sie würden in das Revier des Klosters schleichen und wildern, den besten Gams, den sie kriegen könnten, würden sie schießen, um dem Valentin eines auszuwischen. Ganz geheuer war es dem Hartl nicht, doch je länger er darüber nachdachte, desto interessanter fand er den Gedanken, und es dauerte tatsächlich nicht sehr lange, bis seine Augen zu leuchten begannen und das jagdliche Feuer in seiner Brust entfacht war.

Nun war die Wilderei selbstverständlich auch damals schon ein streng zu ahndendes Vergehen, darüber gibt es keinen Zweifel. In Jägerkreisen gab es demnach auch nur eine mögliche Haltung, nämlich strikte Ablehnung und äußerste Empörung darüber. Aber ganz so einfach war die Sache nicht. Zwar gab es den ursprünglichen Antrieb zur Wilderei, der der zeitweiligen Not der bäuerlichen Bevölkerung geschuldet war und ausschließlich die Beschaffung von Nahrung zum Ziel hatte, nicht mehr. Geblieben ist aber ein gewisser Nimbus, geblieben ist der archaische Ruf des Wildschützen, besonders mutig, besonders stark und besonders listig zu sein. Geblieben ist der Mythos, dass einer sich mit viel Schneid gegen ein Gesetz auflehnt, welches er für ungerecht hält, und dabei nicht unerhebliche Gefahren in Kauf nimmt. Dafür wird er zwar von den Jägern heftig bekämpft, von weiten Teilen des Volkes aber durchaus verstanden und auch bewundert. Insgeheim natürlich. Das Wildern nahm also damals jedenfalls noch eine ziemlich spezielle Stellung in der Gesellschaft ein, wenn man das so sagen kann.

Simon und Hartl waren entschlossen, ihren Plan umzusetzen, und hatten auch bald eine Idee für den Zeitpunkt ihres Unternehmens. Denn eines war für die beiden klar, es musste in der Schusszeit passieren, eine Gamsjagd in der Schonzeit würde gegen ihre Jägerehre verstoßen! Und da kamen sie auf den 30. Dezember. Die Schonzeit der Gämsen begann zu Neujahr, und am vorletzten Tag des Jahres feierte das ganze Dorf Bauernsilvester, das war ein alter Brauch. Beim berüchtigten „Oans-Wein-Trinken" traf sich alles, was Beine hatte, schon zu Mittag beim Mooswirt, da unterhielt man sich beim Eisschießen, da wurde nach Herzenslust gegessen, getrunken und bei zünftiger Musik ausgelassen getanzt bis in die Nacht hinein, da dachte keiner ans Jagern. Selbstverständlich ließ auch der Valentin dieses Fest auf keinen Fall aus. Und das bedeutete für Simon und Hartl, dass sie sicher sein konnten, an diesem Tag das Löwental unbeaufsichtigt für sich zu haben. Einen Schuss drinnen im Frattental oder oben im Ochsenkar würde an diesem Tag ganz sicher niemand hören. Und dass sie selbst diesmal beim Bauernsilvester nicht dabei wären, dafür würden sie sich schon noch eine Ausrede zurechtlegen.

Als die Zeit herankam, mussten die beiden Gamsjäger natürlich ihre Ehefrauen, die Gretl und die Justi, in ihren Plan einweihen, ansonsten sollte aber klarerweise niemand davon erfahren, deshalb sagten sie es ihren Frauen auch erst am Vortag, und auch das war immer noch zu früh! Denn die beiden reagierten mit blankem Entsetzen. Was ihnen da einfiele, das wäre ja wohl der Gipfel der Dummheit, sie wären doch keine jungen Lausbuben mehr, und an die Gefahren würden sie überhaupt nicht denken, und wenn das bekannt werden würde, um alles in der Welt, was wäre das für eine Schmach und so weiter und so weiter. Simon und Hartl wussten natürlich, dass ihre Frauen ihr Vorhaben nicht gutheißen würden, aber abbringen ließen sie sich jetzt nicht mehr davon, sie versprachen, sich keinen unnötigen Gefahren auszusetzen und schärften den Frauen nachdrücklich ein, nur ja keiner Menschenseele auch nur ein Sterbenswörtchen davon zu erzählen. In diesem Fall war das allerdings nicht unbedingt nötig, denn wem hätten denn die beiden Frauen erzählen sollen, dass ihre Ehemänner in einem fremden Revier wildern würden?!

Es hatte schon die Tage zuvor einige Male ziemlich heftig geschneit, sodass eine mächtige Schneedecke über der Landschaft lag, und auch am besagten Tag war das Wetter nicht gerade einladend, es war kalt, und der Wind pfiff gnadenlos durch das Tal. Simon und Hartl planten, über die Gruber-Alm und den Hirschriedel ins Löwental zu gelangen, ein verdammt weiter Weg und bei diesen Schneeverhältnissen, nüchtern betrachtet, nur von Verrückten ernsthaft in Erwägung zu ziehen. Doch sie durften keine Spuren hinterlassen, und in die Gruber-Alm, das wussten sie, würde in diesen Tagen ganz sicher niemand mehr aufsteigen. Der Tag begann um sechs Uhr in der Früh. Beim ersten Morgengrau schnallten sie sich oben hinter dem Anwesen vom Huberbauer, an dem sie in der Dunkelheit unbemerkt vorbeigeschlichen waren, ihre Schneeteller an, warfen sich ihre Schneehemden über und stapften in den Winterwald mit dem ehrgeizigen Ziel, über den Hirschriedel ins Löwental zu gelangen und dort einen kapitalen Gamsbock zu schießen. Die Büchse hatten sie auseinandergenommen und im Rucksack verstaut.

Gretl, die Wirtin, erwartete an diesem Tag, wie eigentlich an jedem anderen Tag auch, sehr viel Arbeit. Sie musste die kleinen Kinder versorgen, das Frühstück für die Gäste servieren, die Wäsche waschen und bügeln, das Mittagessen vorbereiten, einen großen Topf Gulasch aufsetzen, die Leberknödel kochen, den Einheimischen, die schon am Vormittag Durst hatten, das Bier zapfen, den Boden des Gastzimmers noch schnell wischen, den Getränkekühlschrank wieder auffüllen und weiß der Teufel was noch alles, es war unglaublich, wie viel Energie diese Frau tagtäglich aufbringen musste, um den Laden am Laufen zu halten. Und ihr Ehemann wusste nichts Besseres zu tun als in ein fremdes Revier auf Gamsjagd zu gehen! Gretl ertrug es, wie alle Eskapaden, die ihr der Simon zumutete über all die Jahre ihres Ehelebens, aber wenn sie es nicht ertragen hätte und einfach einmal davongelaufen wäre, wer hätte es ihr verdenken können?

In jenen Tagen zwischen den Weihnachtsfeiertagen und Neujahr hatte sie wenigstens Hilfe an ihrer Seite, ihre Schwester Justi griff ihr nicht nur bei der Arbeit unter die Hände, sondern war ihr auch eine immens wichtige moralische Stütze. Und auch die Schnapsidee ihrer beiden Männer ließ sich gemeinsam ein wenig leichter ertragen.

Für den Fall, dass die Frage auftauchen würde, wo denn der Simon und der Hartl den ganzen Tag wären, hatten sie sich die Ausrede ausgedacht, die beiden müssten eine Urlauberfamilie in Wien mit dem Auto abholen und würden wohl erst am Abend wieder zurückkommen. Die Frage tauchte selbstverständlich auf und die beiden Frauen bemühten sich redlich, halbwegs glaubwürdig zu lügen. Es gelang nicht besonders gut. Auch wenn die Sache mit der Abholung der Urlauberfamilie durchaus möglich gewesen wäre, der Sepp und auch der Wastl witterten von Anfang an, dass daran etwas faul war. Sie begannen, neugierig zu werden und sekkierten die Frauen mit lästigen Fragen. Sie wussten, wo sich das Jagazeug von Simon befand, schlichen sich in die Kanzlei, stellten bald fest, dass Bergschuhe, Rucksack, Hut, Stecken und Gewehr fehlten und machten sich einen Reim darauf. Die Gretl und die Justi ließen sie dann in Ruhe, worüber diese einigermaßen erleichtert waren, wenn sie auch ahnten, dass die beiden Jäger Lunte gerochen hatten.

Draußen vor den Fenstern der dampfenden Gasthausküche begann es heftig zu schneien, und der Sturm heulte ums Haus, dass alle guten und bösen Geister das Weite suchten, keinen räudigen Hund jagte man bei so einem Wetter hinaus. Sepp und Wastl genehmigten sich noch eine Halbe Bier, der eine paffte genüsslich an seiner Großglockner-Zigarre, der andere zog verschmitzt an seiner schändlich stinkenden Zigarette. Und sie beobachteten so ganz nebenbei die beiden Frauen, deren Gesichtsfarbe immer fahler wurde, denn wenn sie das Schneegestöber rund ums Haus so sahen und daran dachten, wie der Sturm oben am Hirschriedel toben mochte, mussten sie sich wohl ernsthafte Sorgen um ihre Männer machen, und das war kaum zu verbergen.

Aber Sepp und Wastl taten so, als hätten sie nichts bemerkt, bezahlten ihre Zeche und machten sich auf zum Mooswirt, wo das Oans-Wein-Trinken bereits in vollem Gange war. Das Eisstockschießen fiel in diesem Jahr zwar aus, weil sich bei diesem Wetter natürlich niemand hinaus in die Kälte stellte, die Eisbahn war ja auch vollkommen eingeschneit. Das tat der guten Stimmung aber keinen Abbruch, der Gidi hatte seine Steirische schon ausgepackt, der Hans zwitscherte mit seiner Klarinette dazu, und als auch noch der Franz seine Klampfn hervorholte, war das „Frattental-Trio", wie es dann scherzhaft genannt wurde, komplett. Freilich saß da nicht jeder Ton ganz genau dort, wo er hingehörte, aber das störte keinen Menschen, es wurde getrunken, gesungen und getanzt, dass es eine reine Freude war. Auch der Valentin hatte sich mit seiner Frau dazugesellt und unterhielt sich prächtig.

Im Gasthaus von Simon wurde es ganz ruhig. Auch die meisten Hausgäste waren neugierig auf den sogenannten Bauernsilvester und stürzten sich in das Getümmel beim Mooswirt, sodass Gretl und Justi bald mutterseelenallein am Küchentisch saßen. Der Sturm hatte kaum nachgelassen, und die Dämmerung schlich daher, es wurde allmählich dunkel, und der Wind heulte unbarmherzig ums Haus. Die beiden Frauen waren kreidebleich, was sollten sie tun? Mit jeder elendig langen Minute, die verging, wurde wahrscheinlicher, dass ihren Ehemännern etwas zugestoßen sein könnte, aber was um alles in der Welt sollten sie der Bergwacht oder der Gendarmerie denn sagen, wenn sie sie alarmierten, die würden ihnen die Wahrheit womöglich gar nicht glauben, die würden sie für verrückt erklären. Wer sollte ihnen denn glauben, dass zwei erwachsene Männer allen Ernstes bei diesem Wetter so eine haarsträubende Unternehmung starten würden? Ratlosigkeit und Verzweiflung überkamen sie.

Beim Mooswirt ging es hoch her. Kurz nachdem der Sepp und der Wastl eingetroffen waren, begann ein Gerücht die Runde zu machen. Vor allem die Jäger unter den Gästen raunten sich gegenseitig zu, dass anscheinend der Simon und sein Schwager Hartl ausgerechnet heute auf Gamsjagd wären. Und nachdem sie in ihrem eigenen Revier keine Gämsen hätten, liege der Verdacht nahe, na ja, wie soll man sagen … Einige schmunzelten, einige schüttelten ungläubig den Kopf, und es dauerte auch nicht lange, bis die Geschichte die Ohren von Valentin erreichte. Bei dem konnte man sehr gut beobachten, wie sich sein Gesicht von der anfänglichen Schreckensblässe innerhalb weniger Augenblicke in eine ins Zinnober gehende Zornesröte verfärbte. Denn eines war dem Valentin im ersten Moment schon klar, sollte die Sache stimmen, dann konnten die beiden nur im Löwental sein. Und das war „sein" Revier, das konnte also nur eine Kampfansage an ihn persönlich sein. Aber wie sollte er sich verhalten, schließlich war es ja wohl nur ein Gerücht und obendrein sehr schwer zu glauben, denn wer sollte denn so dumm sein und bei diesem Wetter auf Gamsjagd gehen? Und was hätte er denn unternehmen sollen? Also tat er zunächst einmal so, als hätte er nichts gehört und tanzte mit seiner Frau eine Polka. Aber lange hielt er es nicht aus. Dann erhob er sich wortlos von seinem Sessel, polterte bei der Tür hinaus, setzte sich in seinen Jeep und brauste Richtung Forsthaus. Denn, so dachte er, falls an der Sache wirklich etwas dran wäre, müssten die beiden Wilderer ja dort vorbeikommen, einen anderen Weg aus dem Löwental zurück ins Dorf gab es nicht. Sein Herzschlag beschleunigte merklich, sollte er tatsächlich seinen Kontrahenten beim Wildern erwischen? Er malte sich das in den kühnsten Farben aus, stellte sein Auto an den Wegesrand und legte sich auf die Lauer. Eine Stunde, und dann noch eine zweite. Es wurde grimmig kalt, von den beiden Gamsjägern aber keine Spur. Es war inzwischen 20 Uhr geworden, die Hoffnung schwand allmählich, dafür kroch aber der Zorn wieder unaufhaltsam in Valentins Gemüt, denn jetzt hatte er sich selbst den Abend verdorben, indem er einer, wie es schien, saublöden Lüge vom Wastl und vom Sepp aufgesessen war. Zurück zum Mooswirt konnte er jetzt nicht mehr, das Gelächter wäre teuflisch gewesen, also musste er hoffen, dass seine Frau jemanden finden würde, mit dem sie nach Hause käme, er selbst konnte sich nur mehr verkriechen und an den Kachelofen setzen, um seine durchgefrorenen Glieder zu wärmen.

Die beiden Frauen im Gasthaus von Simon wussten von alledem nichts, sie warteten mit bebenden Herzen auf die Rückkehr ihrer Männer. Die Hoffnung drohte schon ganz zu schwinden, da ging die hintere Haustüre auf, und zwei furchterregende Gestalten schleppten sich mit ihren letzten Kräften über die Schwelle

ins Haus. Über und über behangen mit Eiszapfen und Schneebällen, die Gesichter dunkelblau, setzten sich die völlig ermatteten Jäger auf die Bank in der Küche, keiner der beiden war in der Lage, auch nur ein einziges Wort über die gefrorenen Lippen zu bringen. Gretl und Justi waren auf jeden Fall heilfroh, dass nichts passiert war, halfen den beiden aus den bocksteifen Schuhen und den gefrorenen Wämsern, versuchten die eiskalten Gliedmaßen ein wenig zu massieren und schenkten den vorbereiteten Tee ein, den sie noch mit einer Extraportion Rum aufbesserten. Langsam, sehr langsam erholten sich die Männer, machten sich dann über die mächtige Eierspeise mit Speck her, die ihnen die Frauen zubereitet hatten, gesprächig wurden sie aber an diesem Abend nicht mehr. Sie verzogen sich wie zwei geprügelte Hunde in ihre Zimmer und schliefen zwölf Stunden durch.

Auch am Morgen des nächsten Tages zeigten sich die beiden Gamsjäger ausgesprochen wortkarg, es sah nicht so aus, als wären sie auf ihr Abenteuer stolz gewesen. Dafür hätte es in der Tat keinen Grund gegeben, denn auch von einem erbeuteten Gamsbock war weit und breit nichts zu sehen. Und Gretl und Justi verzichteten angesichts so viel Elends großmütig auf ihre Standpauken, es schien, als wären die Männer von ihrer eigenen Dummheit gestraft genug gewesen. Nur eines war ihnen gelungen, und das war die Geheimhaltung der ganzen Aktion. Niemand hatte sie gesehen, weder zu nachtschlafender Zeit beim Aufbruch noch am Abend, als sie sich wieder beim Huberbauern vorbeischlichen und so der Falle von Valentin entgingen. Als Valentin am Neujahrstag auf ein Bier vorbeikam und den Simon so beiläufig fragte, wo er denn am Bauernsilvester gewesen sei, antwortete dieser, ohne mit der Wimper zu zucken: „In Wien, wir sollten eine Urlauberfamilie abholen, die kam dann aber nicht mit, weil die Oma krank wurde. Ein gutes neues Jahr übrigens – und Weidmannsheil!"

Aufregung im Hochwildrevier

Der Jäger Michel saß auf der Bank vor seiner Hütte drinnen im Ochsenkar, genoss die prächtige Aussicht und ließ sich die milde Herbstsonne auf den Bauch scheinen. Die Lärchen hatten ihre Nadeln rötlich-gelb gefärbt und loderten wie brennende Kerzen aus dem Tannenwald. Die wenigen Ahorn und Buchen waren bereits nackt und reckten ihre kahlen Äste in den Himmel. Da und dort war noch ein Hirsch zu hören, die Hauptbrunft war aber längst vorbei. Jetzt ging es wieder ans Kahlwildschießen im riesigen Bergrevier, das den Bundesforsten gehörte und von einem deutschen Industriellen gepachtet war. Die kapitalen Hirsche lagen alle auf der Strecke.

Michel machte sich fertig, als die Sonne hinter dem Sonntagskogel versank, er war ein bisschen müde von den Strapazen der Hirschjagd, und so setzte er sich gleich oberhalb der Hütte auf einen alten Hochsitz und leuchtete die paar Blößen ab, die noch einzusehen waren. 20 Stück Kahlwild schuldete er dem amtlichen Abschussplan noch.

Er drohte gerade ein wenig einzudösen, da krachte ein Schuss drüben auf der anderen Seite des Tales. Michel schreckte auf. „Deis is a Wüdara!", zuckte es durch seinen Kopf. Keine andere Erklärung gab es für einen Gewehrschuss in seinem Revier, das er nun wieder ganz alleine zu bejagen hatte. Und noch ein zweiter Schuss gellte bald danach herüber von der Sonnseite, Michel fuhr es durch Mark und Bein, er packte seine Büchse und den Rucksack und stolperte mit Riesenschritten zur Hütte und weiter die ganze Leite hinunter über Stock und Stein, um der Sache auf der Stelle auf den Grund zu gehen. Das war natürlich leichter gesagt als getan, denn als er dort ankam, wo er die Schüsse vermutete, war es bereits ziemlich dunkel, er sah und hörte nichts Verdächtiges und fluchte laut vor sich hin. „Du vadaummter Wüdara, di dawisch i, deis schwör i“, rief er in den dunklen Wald. Und es war ihm nicht zu viel Mühe, den steilen Karrenweg drüben auf der Sonnseite wieder ganz hinaufzugehen ins Kälberkar, wo die Sennhütte vom Steinbauer stand und wo die Kathi ein paar Kühe und das Jungvieh über den Sommer brachte. Jetzt, im Spätherbst, waren nur mehr ein paar Schafe oben, aber die Kathi, die war auch noch oben, das wusste Michel ganz genau. Und Kathi sah viel da oben auf der Alm den lieben langen Tag, und wenn sie auch ein bisschen störrisch war dem Michel gegenüber, ab und zu konnte er ihr ja doch die eine oder andere Beobachtung, die sie gemacht hatte, entlocken. Es war schon stockdunkel, als er zur Hütte kam, drinnen brannte aber noch Licht. Laut und ungestüm polterte er an die Tür. „Kathi, moch auf, i bins, da Michel!“ Eine Zeit lang war nichts zu hören, doch bald vernahm er allerlei merkwürdige Geräusche, einige hastige Schritte auf dem groben Holzboden, dann wieder Stille. „I kimm schou“, krähte die Sennerin nach einer Weile heraus, dann öffnete sie langsam und umständlich die Hüttentür. „Michel, sog amol, wos tuast denn du so spot nou do herobn?“, fragte sie den Jäger und mühte sich damit ab, so unschuldig wie möglich dreinzuschauen. „Loss mi eini, i muaß die wos frogn“, fuhr er sie an und drängte in die Hütte.

„I haun heit zwoa Schuss ghert, unten um an Grasler-Boden umadum, deis wor a Wüdschitz“, hob er an und wollte von Kathi wissen, ob sie etwas gesehen oder gehört hätte oder ob sie gar wüsste, wer der Übeltäter sein könnte. Kathi tat überschwänglich überrascht und empörte sich ausführlich darüber, dass hier ein Wilderer sein Unwesen treiben sollte, selbstverständlich hätte sie nichts bemerkt und kennen würde sie den Lump schon gar nicht. Irgendwie roch es in der Hütte sonderbar. Ziemlich deftig nach Schweiß, na gut, das konnte auch von der Kathi stammen, aber auch ein bisschen nach Wildbret-Schweiß, meinte der Michel. „Wou is a", polterte er auf einmal los und krachte hinaus in die Speiskammer, da war niemand. Er stolperte hinauf über die ächzende Leiter in Kathis Schlafgemach, aber auch dort fand er nichts Verdächtiges. „Is a draußen im Trempel?", schnauzte er die Sennerin an und machte Anstalten, Nachschau zu halten. „Geh, sei net bled, glabst du wirkli, dass i do an Wüdara vasteck? I haun heit a Leba von an Schafl gröstat, drum rieachts a bissl streng do in da Hittn!" Michel ließ sich etwas beruhigen, dann sah er die Bergschuhe beim Herd stehen. „Und wem ghern dei Bergschuach? Dei san neit va dir, dei san da vü z'groß!" „Dei – dei – dei – hot da Bauer ban letztn Mol dolossn, zan Berg geih", stammelte Kathi. „Waunn du mi aunliagst, daunn kaust wos dalebn, deis vasprich i da", drohte Michel der Magd, die nun sichtlich nervös wurde und deren rosige Wangen all ihre Farbe verloren hatten, aber er beließ es dabei und machte sich auf den Heimweg, was sollte er auch tun?

Obwohl er hundemüde war, nahm er auch noch den Umweg über den Bruckenwirt in Kauf, er musste das mit dem Wilderer unbedingt unter die Leute bringen. Am Stammtisch hockten noch ein paar stille Zecher und widmeten sich ihren Bierkrügen, der Sepp und der Edi spielten Karten. Edi war einer der Dorfgendarmen. Er trug seine Uniform immer, auch dann, wenn er nicht im Dienst war. Dann saß er meist im Gasthaus und spielte Karten, aber ein Gendarm ist praktisch immer im Dienst, pflegte er zu sagen, andere meinten wieder, er hatte gar keine andere Kleidung besessen. Wie auch immer, Michel passte es gerade in den Kram, dass auch die Staatsgewalt anwesend war, berichtete mit einiger Aufregung von seinem Erlebnis mit dem Wilderer und erwartete, dass seine Erzählung auch bei den Dorfbewohnern auf entsprechende Empörung stoßen würde.

„Geh Michel, deis host da einbüd”, brodelte der Sepp vor sich hin. „Reg di neit z'vü auf, Michel, die Hirschen hobts eh scho olle daschoussn, und a so a Tier oder a Koib geht da jo wirkli neit ob in dein großen Revier“, lästerte der Hias, der bekannt war dafür, dass er die Jäger immer wieder einmal gerne auf die Schaufel nahm. Auch der Wirt nahm es eher auf die leichte Schulter und meinte: „Sei froh, waunns da a Kohlwüd schiassn, daunn brauchst du neit sou vü obazahn!“ Der Michel begann zu kochen.

„Waun du deis aunzoagn wühst, muasst an Beweis hobn, sunst kinnan mir neit eischreiten“, bemerkte Edi, der Dorfgendarm, den sie auch „Schligowitz-Edi“ nannten, nicht nur, weil er den Zwetschkenbrand ganz gerne trank, sondern auch weil er ihn kistenweise mitbrachte aus seiner eigentlichen Heimat in der Untersteiermark und ihn im Dorf gewinnbringend verhökerte.

„Jo seids ihr hiaz olle narrisch worn?“, brüllte Michel über den Tisch, „Do is a Vabrecha in mein Revier und ihr kinnts do spotten drüber. Morgn bin i ban Postenkommandanten, daunn sehgn ma scho weiter!“ Sein Bier trank er gar nicht ganz aus, schmiss dem Wirt das Geld dafür auf die Theke und polterte wutschnaubend hinaus.

Sein erster Weg am nächsten Tag führte ihn zum Gendarmerie-Posten des Dorfes. Dort saß in seiner ganzen Breite und Bedächtigkeit Postenkommandant Karl, den sie auch den „Beil-Korl“ nannten, weil er sich neben seinem eben nicht gerade sehr anstrengenden Beruf mit großer Hingabe der Bienenzucht und dem Verkauf des daraus gewonnenen Honigs widmete. Michel wollte zur Anzeige bringen, dass in seinem Revier am Vortag ein

Wilderer zwei Schüsse abgegeben und sehr wahrscheinlich ein oder auch zwei Stück Wild erbeutet hätte. „Wos hoasst wohrscheinlich?“, fragte Karl den aufgebrachten Jäger. „Du muasst schou an Beweis hobn fir dei Aunschuldigung, sunst kinnan mir nix mochn!“ „Ah, red neit so saudumm daher, i bin jo neit bled, waunn i sog, es san zwoa Schuss gfolln, daunn san zwoa Schuss gfolln. Außerdem glab i, dass die Kathi den Wüderer in der Sennhittn vom Stoabauer vasteckt!“

Karl entschloss sich schließlich doch dazu, die Anzeige aufzunehmen. Dazu musste er ein Blatt Papier mit zwei Durchschlägen in die Schreibmaschine spannen, was bereits eine gewisse Zeit beanspruchte, und dann mühte er sich damit ab, das von Michel Vorgebrachte in halbwegs verständlichem Deutsch mit zwei Fingern in die Maschine zu tippen. Das dauerte fast den ganzen Vormittag.

Inzwischen war der Dorfgendarm Franz eingetroffen, den sie auch „Latschen-Franz“ nannten. Das hatte damit zu tun, dass der Franz in seiner Freizeit gerne auf die Alm ging und stets mit einem riesigen Bündel Latschen nach Hause kam. Teils verschenkte er sie an die Wirtinnen des Dorfes, die damit die Gaststuben schmückten, teils verkaufte er sie an Touristen. So hatte jeder der drei Gesetzeshüter ein kleines Nebengeschäft aufgebaut, woraus man ohne Zweifel auch schließen kann, dass das Gehalt eines Dorfgendarmen damals nicht gerade üppig war.

Und als gegen Mittag endlich auch der „Schligowitz-Edi“ auf dem Posten erschien, begannen die drei Männer zu beratschlagen, was nun zu tun wäre. Auch das dauerte ziemlich lange. Wenn auch relativ schnell klar war, dass allen drei Gendarmen am allerliebsten gewesen wäre, gar nichts zu tun. Dem Michel wurde es aber dann zu bunt. „Hiaz tats amol weiter, ba eich Schanti schlofn oan jo die Fiaß ein!“, schnauzte er sie an. Und er war es dann auch, der die weitere Vorgehensweise sozusagen anordnete.

Michel konnte noch zwei Jäger aus den Nachbarrevieren mobilisieren, den Hans und den Viktor, gemeinsam mit den drei Gendarmen wollten sie nun das Gebiet um den Grasler-Boden absuchen, ob etwa Beweise zu finden wären, vielleicht Schweiß am Anschuss, Schleifspuren oder gar der Aufbruch eines erlegten Stückes. Einen Teil des Weges konnten sie mit ihren Fahrzeugen zurücklegen, dann aber ging es ins Gelände. Und das war nichts für die Hüter des Gesetzes, vor allem der Kommandant mit seiner übermäßigen Leibesfülle stöhnte schon nach den ersten Metern, der Schweiß rann ihm übers Gesicht. Doch Michel bestand eisern darauf, dass seinem Verdacht nachgegangen wurde, und so schleppten sie sich keuchend hinauf bis zum Grasler-Boden. Lange fanden sie nichts, was bewiesen hätte, dass hier kürzlich ein Stück Wild erlegt worden wäre, aber der Michel kroch unter jede Randfichte, und tatsächlich, als er wieder einen bis zum Boden reichenden Ast anhob, lag da der frische Aufbruch von einem Stück Rotwild! „Do haum mas!", rief er in höchster Erregung. Nun konnten die Dorfgendarmen auch nicht mehr anders als dem Jäger Michel Glauben schenken. Alle liefen sie zusammen und begutachteten die von Fliegen umschwirrten Eingeweide, auch die Schleifspur, die der Wildschütz beim Abtransport seiner Beute hinterlassen hatte, war gut zu erkennen. Mit ernsten Mienen trat die Exekutive nun zusammen, der Schligowitz-Edi fragte als erster: „Und wos tamma hiaz?"

Noch bevor diese elementare Frage näher erläutert werden konnte, fiel doch tatsächlich wieder ein Schuss, vermutlich oberhalb der Sennhütte vom Steinbauer. Michel zuckte zusammen, dass es fast aussah, als wäre er selbst getroffen worden. „Hobts as ghert?", brüllte er die Gendarmen an, er war vollkommen außer sich. „Mia miassn auffi zur Kathi, der Lump kimmt bestimmt za da Hittn und wü sie durt vasteckn!"

Für den Beil-Korl war das undenkbar, er schwitzte immer noch vom Aufstieg zum Grasler-Boden, er würde jedenfalls keinen Schritt mehr weitergehen, versicherte er, auch der Schligowitz-Edi lamentierte, dass ihm sein Knie weh täte, und so blieb dem Latschen-Franz nichts anderes übrig, als die Verantwortung auf sich zu nehmen und mit den Jägern zur Sennhütte hinaufzustapfen. Denn die Theorie des Michel hatte was für sich, das war nicht von der Hand zu weisen.

Die Sonne war längst hinter dem Sonntagskogel versunken, als die Männer zur Hütte kamen. „Aufmochn! Do is die Gendarmerie!", rief der Latschen-Franz schon von Weitem. Michel ließ sich nicht aufhalten und riss heftig an der Hüttentür, sie war aber ohnehin offen. Kathi war nicht da, sie war wahrscheinlich noch bei den Tieren hinten im Trempel. Die Männer krachten in die Stube und durchsuchten alle Ecken und Winkel, doch Wilderer war keiner zu finden.

Die Sennerin mochte die lärmenden Männer wohl schon gehört haben, dennoch stand sie vollkommen verdattert in der Tür und ließ beinahe ihren Melkeimer fallen, als sie die vier aufgebrachten Rabauken sah. „Jo sads ihr narrisch worn, wos tats denn ihr do in meiner Hittn?", schrie sie die Männer an. „Mia suachn den Wüdara, sogs uns, Kathi, host'n du do vasteckt?", versuchte es der Franz mit etwas beschwichtigendem Tonfall im Guten. Kathi hatte so etwas nach dem vorabendlichen Besuch von Michel schon erwartet, trotzdem verfärbte sich ihr rosiges Gesicht ins Rötliche, sie blieb aber standhaft dabei, nichts von einem Wilderer zu wissen. „Und wou san die Bergschuach, dei gestern nouch do gstaundn san?", fragte der Michel aufgeregt. Es war ihm aufgefallen, dass die Schuhe nicht mehr beim Herd standen wie am Vortag. „Da – da – da Bauer hots wieder mitgnommen", stotterte Kathi hervor.

Draußen wurde es allmählich dämmrig, Hans und Viktor drehten eine Runde um Hütte und Stall und spähten in jeden Winkel, doch vom Wilderer fehlte jede Spur. In einem kleinen Verschlag fanden sie Spuren von Schweiß. Aber Kathi behauptete, sie hätte dort ein Schafl geschlachtet. Die Jäger konnten den Geruch von einem Schafl und einem Stück Wild wohl unterscheiden, aber für einen stichhaltigen Beweis reichte das natürlich noch nicht. Doch als sie schon wieder auf dem Weg zurück zu den anderen waren, erschien oberhalb der Hütte am Almsteig schemenhaft eine finstere, menschliche Gestalt. „Do is a", schrie der Viktor lauthals hinauf, so laut, dass es die Gestalt jedenfalls hören konnte. Und sie hörte es, machte auf dem Absatz kehrt und verschwand in Windeseile in der Dämmerung.

„Du Depp, du damischa, wieso schreist'n so laut?", brüllte Michel seinen Jagdkameraden an. Auch der Latschen-Franz musste den Jäger rügen, denn damit hätte er den Wilderer ja wohl gewarnt und die Chancen, seiner habhaft zu werden, hätten sich dramatisch verschlechtert. Der Michel äußerte überhaupt den Verdacht, dass Viktor den Halunken erkannt und ihn absichtlich gewarnt hätte, was dieser selbstverständlich entrüstet bestritt. Natürlich wurde nun auch die Kathi noch einmal ordentlich in die Mangel genommen, sie müsste doch wissen, wer zu so später Stunde noch von oben, von der Alm, zu ihr in die Hütte kommen würde, doch die Sennerin blieb standhaft und leugnete, irgendetwas von der Sache zu wissen. „Do kinnan mia hiaz nix mehr mochn", stellte der Latschen-Franz resignierend fest und beendete somit seine Amtshandlung, nicht ohne eine gewisse Erleichterung, das muss man schon sagen, denn wer weiß, was passiert wäre, wenn der Wilderer tatsächlich in die Falle getappt wäre ... Kathi schenkte jedem der Männer mit zittrigen Händen ein Stamperl Zirbenschnaps ein, dann machten sie sich auf den Weg. In der stockfinsteren Nacht, nur notdürftig mit Taschenlampen ausgerüstet, stolperten sie den steilen Karrenweg hinunter, der Gendarm verhaspelte sich einmal an einer Wurzel, fiel der Länge nach hin und stieß sich Nase und Ellbogen blutig, und die Laune aller vier Wilderer-Jäger stand nicht zum Besten, als sie ihre Fahrzeuge erreichten.

Am Stammtisch beim Bruckenwirt saßen die üblichen Verdächtigen, auch der Schligowitz-Edi und der Beil-Korl, beide in voller Gendarmerie-Uniform, gönnten sich ein gutes Glaserl und spielten sich ein Bummerl aus. Alle erwarteten die tapferen Jäger bereits. „Und, wos is, hobts den Wüdara dawischt?“, fragte der Postenkommandant scheinheilig, aus den Mienen der ankommenden Männer war das Ergebnis ihres Einsatzes aber auch ohne eine Antwort sehr gut ablesbar. Einige Flüche und Verwünschungen aus dem Munde des Jägers Michel pfiffen durch die Gaststube, dann hockten sich alle hin und bestellten sich ein Bier und einen Schnaps. Der Latschen-Franz berichtete seinem Chef mit ein paar Worten, wie es ihnen ergangen war, wirklich gewundert hat die Sache aber niemanden am Stammtisch. Nur der Michel fand keine Ruhe. „I dawisch den Falotten schou nouch, deis vasprich i eich!“

Natürlich gab es dann noch einige Spekulationen über die Identität des Übeltäters. Dass eine Verbindung zur Sennerin Kathi bestand, bezweifelte eigentlich niemand. Doch es war nicht ganz einfach. Die Kathi war ledig und, obwohl nicht mehr ganz taufrisch, eine fesche und resche Sennerin. Und sie war einem Gspusi durchaus nicht abgeneigt, nur mit wem sie gerade ein Gspusi hatte, war stets ein streng gehütetes Geheimnis. Vermutlich nicht nur zu ihrem eigenen Schutz, sondern auch zum Schutz so manchen Freiers, es sollen sich im Laufe der Zeit ja doch auch einige Verheiratete darunter befunden haben. Die meisten Männer des Dorfes wurden jedenfalls auffallend wortkarg, wenn es um die Kathi ging. Und auch bei Verdächtigungen bezüglich des mutmaßlichen Wilderers hielten sich alle sehr nobel zurück, man wollte ja schließlich nicht selbst mit hineingezogen werden.

Lediglich Michel wollte die Sache nicht ruhen lassen, noch einige Tage lang erschien er täglich auf dem Gendarmerie-Posten und wollte die behäbigen Gendarmen zu weiteren Aktionen überreden, allerdings vergebens. Der Latschen-Franz musste seine Blessuren verarzten lassen, der Schligowitz-Edi hatte dienstfrei, und der Beil-Korl hatte bereits seinen Abschlussbericht in dreifacher Ausfertigung in die Schreibmaschine getippt, da war nichts mehr zu machen.

Der Wilderer konnte nicht ausgeforscht werden. Michel war jeden Tag im Revier, ein paar Mal besuchte er überraschend die Kathi auf der Steinbauer-Alm, doch keine Spur von diesem Halunken. Auch Schuss hörte er keinen mehr, allmählich beruhigte sich Michel wieder und fand sich damit ab. „Aber dawischn derf i'n neit, daunn kaunn a wos dalebn, deis vasprich i eahm!", verkündete er am Stammtisch noch, dann wuchs wieder Gras über die Sache.

Zwei Hahnen an einem Morgen

Es war ein sonniger, lauer Sonntag Anfang März, der säuselnde Wind trug einem schon die ersten wohligen Gerüche des nahenden Frühlings in die Nase, da rief mich mein guter Freund Sebastian an und stellte mir eine Frage, die wahrscheinlich kein Jäger der Welt verneint hätte: „Fritz, du oida Flochlaundjaga, mogst heier an großen Hauhn schieaßn? I tat di einlodn dazua!“ In solchen Momenten macht jedes Jägerherz einen Luftsprung, ich bedankte mich überschwänglich bei meinem edlen Jagdkameraden und trug meine Freude für den Rest des Sonntages und eigentlich während der ganzen nächsten Woche gut sichtbar vor mir her. Es gab kaum jemanden, der mich nicht fragte, warum ich denn gar so fröhlich wäre!

Sebastian hatte im Obersteirischen ein stattliches Gasthaus und war Pächter eines respektablen Jagdreviers, in dem es – und das war das ganz Besondere daran – mehrere sichere Balzplätze vom Auerhahn gab. Ich war natürlich schon vorher mehrmals zur Jagd beim Wastl gewesen, genauso, wie er gern gesehener Gast bei mir im flachen Land war. Obwohl man eines sagen muss: Während ich mich in der herrlichen Bergwelt immer sehr wohl gefühlt hatte, hielt es den Wastl bei uns im Burgenland allerhöchstens zwei Tage, dann wurde er „roglert“, es zog ihn mit übermächtiger Kraft zurück in seine Berge.

Um das erste Wochenende im Mai sollte ich mir ein paar Tage frei nehmen, da würde es passen auf den großen Hahn, meinte Sebastian. Ich strich mir diese Woche selbstverständlich feuerrot an in meinem Kalender, und auch wenn der Papst zu uns auf Besuch gekommen wäre, ich glaube nicht, dass ich mich von der Hahnenbalz abhalten hätte lassen. Am 3. Mai, es war ein Donnerstag, verstaute ich mit freudiger Aufregung meine Jagersachen im Auto und verabschiedete mich mit flüchtigen Küssen von meiner Familie, in Gedanken schon ganz weit oben im Hochgebirge bei den balzenden Auerhähnen.

Im Gasthaus von Wastl und seiner überaus sympathischen Frau namens Lisl gab es ein stürmisch-herzliches Wiedersehen, ich durfte mich in eines der Gästezimmer einquartieren. Dann gab es gleich einmal zu essen und zu trinken, dass sich die Tische bogen. Es wurde ein richtig fröhlicher Abend in vertrauter Runde, ich kannte ja die meisten gestandenen Mannsbilder, die den Stammtisch beim Bruckenwirt bevölkerten, die meisten von ihnen waren Jäger. Allzu lang durfte der Abend allerdings nicht werden, denn der Auerhahn kennt keine Gnade, der beginnt seine Balz im ersten Morgengrau, und da sollte der Jäger an Ort und Stelle sein, der Wecker stand also auf 2 Uhr.

Und dann war da noch etwas. Der Wastl zwängte sich am dicht besetzten Stammtisch auf einmal an meine Seite, seine Augen bekamen einen fast spitzbübischen Glanz, und mit halblauter Stimme raunte er mir zu: „Woaßt, Fritz, mei Bua, da Franzi, der is hiaz 8 Johr olt, der tat sou gern amol mitgeih auf'n großn Hauhn, i haun eam vasprochn, dass man mitneiman morgn. Is da deis recht?“ Ich machte große Augen und musste schmunzeln, dann begann Wastl zu erklären. Der kleine Bub wäre an allem Jagdlichen sehr interessiert, er lausche den Erzählungen der Jäger am Stammtisch oft stundenlang und er, Wastl, käme kaum noch nach damit, die Fragen seines Sohnes alle halbwegs vernünftig zu beantworten. Vor einiger Zeit hätte er ihm einmal die Balz des großen Hahnes so gut es ging vorgeführt und ihm das Geheimnis des Anspringens beigebracht, seither gäbe der Bub keine Ruhe mehr, immer wieder müsse er ihn an der Hand nehmen und über den halben Hof den imaginären Auerhahn anspringen. Wastl meinte, wir könnten ja am ersten Morgen mit dem Buben einen Hahn anspringen, ohne zu schießen, damit er einmal dabei wäre, unseren Hahn bekämen wir auch noch am nächsten Tag, da müsste ich mir keine Sorgen machen. Ich machte mir auch wirklich keine Sorgen, ganz im Gegenteil, ich war begeistert von diesem Vorschlag, so konnte ich mich darauf freuen, die Balz bis zum Ende zu erleben und vielleicht auch von der Bodenbalz und von den Hennen etwas mitzukriegen. Und auf den Franzi war ich natürlich besonders neugierig, ich kannte den Buben zwar, von seiner nun offenbar anschwellenden Jagdpassion hatte ich aber noch nichts gewusst.

Pünktlich um 2 Uhr ratterte der Wecker, ich sprang in mein Jägergewand und polterte hinunter in die Gasthausküche, in der mich Wastl bereits erwartete, neben ihm stand in einer zünftigen Knickerbocker, grünem Lodenjanker, nagelneuen Bergschuhen und mit einem etwas zu großen Hut am Kopf der kleine Franzi mit feierlich ernstem Gesicht, streckte mir seine Hand entgegen und begrüßte mich mit „Weidmannsheil!" Ich war schwer beeindruckt und erwiderte den Gruß so ernst, wie es mir in diesem Augenblick möglich war. Wir tranken schwarzen Tee und kauten ein paar Bissen trockenen Brotes, dann brachen wir auf, ein Stück des Weges legten wir mit dem schon etwas klapprigen Jeep von Wastl zurück, dann mussten wir uns auf einen einstündigen Aufstieg in stockfinsterer Nacht gefasst machen. Das Herzerl des kleinen Buben dürfte heftig gebebt haben in seiner schmalen Brust, doch er bemühte sich mit aller Kraft, sich das nicht anmerken zu lassen. Mit scheinbar großer Selbstverständlichkeit trachtete er alles so zu machen wie sein Vater, man könnte fast sagen, das Kind in ihm wich an diesem Morgen zurück und er schien ein – wenn auch kleiner – erwachsener Jäger zu sein.

Den Jeep ließen wir am Rande des Forstweges stehen, von nun an ging es steil bergauf. Franzi heftete sich an die Fersen seines Vaters, jetzt schlotterte er am ganzen Körper und war kreidebleich vor Aufregung, man muss aber dazusagen, dass es auch grimmig kalt war. Und ich fürchte, mir ging es nicht viel besser. Doch der Aufstieg war anstrengend und brachte unser Blut wieder in Wallung. Der Bub hielt tapfer mit und endlich, irgendwo mitten im Holz, entschied Wastl kurz und prägnant: „Do bleib ma sitzn." Wir warfen uns unsere Wetterfleck über und kauerten uns gegen eine morsche Lärche, es war noch sehr dunkel, nur gegen das Firmament konnte man die Umrisse der knorrigen Bäume ringsum erkennen. Es verging wohl knapp eine halbe Stunde, kein Laut war zu hören, nur der Wind rauschte leise über die Wipfel, dann aber klopfte es tatsächlich zum ersten Mal, Wastl bedeutete uns noch einmal, äußerste Ruhe zu bewahren und seine Anweisungen genau zu befolgen. Ich habe das Herz vom kleinen Franzi pumpern gehört!

Der erste Hahn hatte sich eingespielt, sein zuerst noch etwas zögerliches Glöckeln steigerte sich rasch, und bald waren auch Hauptschlag und Schleifen gut zu hören. Weiter unten spielte sich ein zweiter Hahn ein, und langsam fiel auch das erste Licht durch die mächtigen Lärchen auf den Waldboden, Wastl gab uns das Zeichen zum Aufbruch und nun galt es! Beim Glöckeln bis zum Hauptschlag absolut ruhig verharren, während des Schleifens zwei, drei schnelle Schritte machen und sofort wieder erstarren zu einer Salzsäule! Auch in Franzis Kopferl war das so nachhaltig gespeichert, dass er keinen einzigen Fehltritt machte. Wir kamen unserem ersten Auerhahn stetig näher, und schließlich deutete der Arm von Wastl hinauf auf einen mächtigen Lärchenast, auf dem der Hahn vor dem sich lichtenden Himmel gut sichtbar hin und her spazierte und unermüdlich sein merkwürdiges Balzlied in die Dämmerung trällerte. Was für ein geheimnisvolles Schauspiel im mystischen Licht des frühen Tages! Wir schauten lange zu, in Hörweite vernahmen wir noch zumindest zwei weitere Hahnen, und warteten, bis einer nach dem anderen allmählich verstummte und mit lautem Gepolter zu Boden ging. Halb verdeckt von am Boden liegenden modernden Stämmen und Geäst hörten wir unseren Hahn noch eine Zeit lang bei der Bodenbalz und sahen ihn hin und wieder, wenn er sich aufplusterte und mit schweren Schwingenschlägen einen guten Meter vom Boden abhob, vielleicht waren auch Hennen dabei, wir konnten sie aber leider nicht sehen. Dann ritt er ab und erst jetzt bemerkten wir, dass inzwischen ein lebhaftes Konzert von allerlei Singvögeln durch den Wald klang, die Auerhahnbalz war vorbei. Franzi hatte die ganze Zeit über in allerhöchster Anspannung gelauscht und gestaunt, er war selig, das war ihm wahrlich anzusehen. Aber die erste Frage, die er uns stellte, verblüffte uns doch einigermaßen, sie lautete: „Warum hobt's den Hauhn neit gschoussn?“ Da wussten wir ehrlich gesagt beide nicht so recht, was wir dem kleinen Jägersmann antworten hätten sollen.

Ich verbrachte einen entspannten Tag im Wirtshaus meiner Freunde, machte einen ausgedehnten Spaziergang und geriet am Nachmittag in das Gehege von Franzi, unserem kleinen Jägersmann. Der nahm mich dann gute zwei Stunden in Beschlag und erklärte mir alles, was er über das Jagern schon wusste, und das war tatsächlich eine ganze Menge, zeitweilig referierte er mit derart todernster Miene und nahm mich immer wieder bei der Hand, um mir eine Trophäe oder einen Fuchsbalg oder Ähnliches zu zeigen, dass es beinahe so aussah, als wäre er mein Lehrprinz und ich sein „Jägerlehrling“. Es war ein bemerkenswerter Nachmittag.

Am Abend gab es das übliche Programm am Stammtisch, ich verzog mich bereits um 21 Uhr in mein bequemes Gästezimmer und schlief wie ein Murmeltier – bis 2 Uhr morgens, da klingelte der Wecker. Wastl erwartete mich schon in der Küche, wir nahmen wieder ein paar Schluck schwarzen Tee zu uns und tauchten alsbald ab in die tiefschwarze Nacht, um rechtzeitig am Balzplatz zu sein. Der Weg war derselbe wie am Vortag, auch der Platz, an dem wir uns wieder zum alten Lärchenstock setzten, war derselbe, Wastl hatte einen sagenhaften Orientierungssinn in der Dunkelheit. Ein wenig fröstelnd warteten wir auf die ersten Knapper. Der Hahn spielte sich tatsächlich wieder unter uns ein, wie sich herausstellen sollte am selben Baum wie anderntags. Wastl hatte keine Eile, wir hörten dem Glöckeln und Schleifen eine ganze Weile zu, dann machten wir uns auf und hatten recht bald freie Sicht auf den knorrigen Ast der alten Lärche, auf dem der Hahn unbeirrt balzte. „Ban Schleifen kaunst schieaßn", zischte mir mein Pirschführer zu, ich zögerte nicht lange, der Schuss gellte hinaus in den heraufziehenden Tag, und mein Auerhahn fiel wie ein Stein zu Boden.

Zugegeben, bei aller Freude über das prächtige Weidmannsheil beschlich mich doch auch ein etwas beklemmendes Gefühl, mit einem einzigen Donnerschlag habe ich ein höchst sensibles Naturspektakel zumindest für diesen Morgen unsanft beendet, es war totenstill im Wald, kein Vogel zwitscherte, kein anderer Auerhahn war mehr zu vernehmen, ein kalter Schauer lief mir über den Rücken.

Wir steckten meinem Großen den letzten Bissen in seinen Brocker, Wastl überreichte mir freudestrahlend den Beutebruch, den ich mir stolz an den Hut heftete, ein kleiner Schluck vom guten Zirbenschnaps besiegelte unser Weidmannsheil, dann saßen wir noch gut eine halbe Stunde in einer Art Andacht ohne viele Worte unter der alten Lärche und warteten, bis die Sonne über den Schleifkogel blinzelte.

Mit dem alten Jeep ratterten wir die Forststraße hinunter ins Tal, und als wir oberhalb des Dorfes aus dem Wald auf die Viehweide hinauskamen, sahen wir vor uns bedächtigen Schrittes einen kleinen Jägersmann gehen, angetan mit Knickerbocker, grünem Lodenjanker, nagelneuen Bergschuhen und einem etwas zu großen Hut am Kopf, darüber hinaus mit Bergstock und geschultertem Holzgewehr bewaffnet. Über dem kleinen Rucksack am Buckel baumelte ein frischer Fichtenzweig, der etwa der Größe eines Auerhahns entsprach! Und am Hut prangte ein stattlicher Bruch!

„Franzi, wou bist denn du heit in oller Fruah schou gwesn?", fragte schmunzelnd mein guter Freund Wastl seinen 8-jährigen Sohn, er ahnte wohl schon, was jetzt kommen würde. Wir hatten angehalten und waren beide ausgestiegen. „I haun an Auerhauhn gschoussn", berichtete der Bub mit ernster Miene, nahm seinen Rucksack ab und präsentierte uns seine Beute in Form einer „Grastatsche", die seinen Auerhahn darstellte! „Jo Weidmannshaö, mei Bua, schau her, da Fritz hot a an Hauhn gschoussn", rief Wastl. Franzi streckte mir wieder seine Hand entgegen, und wir wünschten uns gegenseitig „Weidmannsheil!"

Der Bub hatte uns vom Hof fahren gehört, war ebenfalls aus seinen Federn gekraxelt und hatte beschlossen, seine eigene Hahnenjagd anzugehen. Mit dem kleinen, hölzernen Gewehr, das er von seinem Vater schon vor zwei Jahren bekommen hatte, pirschte er auf dem Hüttsteig, der direkt vom Gasthaus zur Jagdhütte führte, bis zum ersten Waldrand, es mochte vielleicht nicht mehr ganz dunkel gewesen sein, der dichte Fichtenbestand dürfte ihm aber doch nicht ganz geheuer gewesen sein. So suchte er sich ein junges Bäumchen mit schönen Ästen gleich am Rande des Hochwalds, auf dem nun sein Auerhahn zu balzen begann. Er selbst ahmte die Geräusche des Balzliedes nach, glöckelte, überschlug seine Stimme beim Hauptschlag und tat während des Schleifens zwei, drei schnelle Schritte. Als er nahe genug war, nahm er sein „Gewehr" in Anschlag und feuerte mit einem lauten „Bumm!"

auf seinen Auerhahn. Dann brach er sich den Fichtenast, den er schon vorher dazu bestimmt hatte, herunter und band ihn sich stolz auf seinen Rucksack, natürlich vergaß er auch nicht, sich einen Bruch an den Hut zu stecken, er hatte seinen ersten Auerhahn geschossen! Mit welcher Selbstverständlichkeit er das erzählte, wie seine kindlichen Augen dabei strahlten und wie gefühlvoll sein Vater damit umging, war mehr als erstaunlich. Es verlieh diesem unvergesslichen Morgen einen zauberhaften Glanz, der mich auch heute noch oftmals in seinen Bann zieht, wenn ich versonnen meinen präparierten Großen in der Ecke meines Jagdzimmers betrachte. Aus dem kleinen Franzi ist inzwischen natürlich ein kräftiger junger Mann geworden, dass er der Jagd mit Haut und Haar verfallen ist, bedarf eigentlich keiner Erwähnung mehr.

Als ich meinem Vater das Jagern verbieten musste

Als ich sechs Jahre alt war, nahm mich mein Vater zum ersten Mal mit auf die Jagd. Wir hatten damals keinen Geländewagen, sondern gingen vom Haus weg zu Fuß. Bis zur Hütte brauchten wir etwa eine Stunde. Gelegentlich übernachteten wir in der Hütte, rundherum hörten wir die Hirsche röhren.

Mit acht Jahren durfte ich mitgehen auf den großen Hahn, ich weiß noch, wie der von einem Jagdgast beschossene Hahn im Fallen auf die Schwingen kam und irgendwo im Altholz verschwand. Wir suchten stundenlang, und ich war es schließlich, der den verendeten Hahn gefunden hat. Der Stolz meines Vaters auf seinen damals schon mit dem Jagdfieber infizierten Sohn war grenzenlos!

Einmal pirschten wir den Mitterzaun entlang, da drückte sich ein Hirsch unterhalb von uns durch den Stangenwald. So sehr ich mich auch anstrengte, ich konnte ihn nicht sehen, aber mein Vater hatte Augen wie ein Adler. Bald krachte auch schon der Schuss hinaus, und der Hirsch brach mit Getöse ins Unterholz. Zum ersten Mal durfte ich meinem Vater den Beutebruch überreichen, das war ein feierlicher Augenblick, den ich bis heute lebhaft im Gedächtnis habe.

Ich begleitete meinen Vater häufig auf Pirschgängen, denn da hatte ich ihn ganz für mich alleine. Er nahm sich die Zeit, um mit mir an den Schwarzbeeren zu naschen, er sammelte Eierschwammerln, für die er seinen umgedrehten Hut als Behältnis verwendete und die er dann am knisternden Hüttenherd für uns zubereitete. Er zeigte mir die Trittsiegel der in unserem Wald beheimateten Tiere und erklärte mir mit Hingabe und großer Geduld alles, was ich ihn fragte. Nur in dieser von allem anderen abgeschiedenen Welt beschäftigte sich mein Vater mit mir und hatte Zeit, unten in der anderen, der richtigen Welt mit den vielen Leuten und der ganzen Arbeit und den wichtigen Geschäften hatte er keine Zeit für seinen kleinen Buben.

Er wollte, dass ich ein Jäger werde. Und er wollte, dass ich in eine ordentliche Schule gehe und was lerne. Um den übrigen Kleinkram, der vonnöten war für das Heranwachsen eines kleinen Buben, hatte sich meine Mutter zu kümmern.

Ich besuchte dann tatsächlich eine Höhere Schule, dazu musste ich im relativ zarten Alter von elf Jahren in ein Internat nach Graz gehen. Auch die Tränen des Heimwehs musste meine Mutter trocknen, für Sentimentalitäten hatte der Vater kein Verständnis. Im neuen Umfeld in der großen Stadt fand ich niemanden, der meine jagdlichen Passionen teilte. Ich wurde ausgelacht und begann, mich dafür zu schämen. Schließlich wandte ich mich davon ab, es gab Wichtigeres für einen pubertierenden angehenden Revolutionär: Das 1968-er Jahr, der Vietnamkrieg und Che Guevara übernahmen die Themenherrschaft, der Einfluss der Beatles, von Elvis Presley, aber auch von Led Zeppelin, Uriah Heep und Konsorten besorgten den Rest, ich entfremdete mich meinem Vater. Er verstand es nicht, er wollte es nicht verstehen, er stand der neuen Jugendkultur völlig hilflos und trotzig gegenüber, lehnte kategorisch ab, was nicht in sein Weltbild passte, und das war fast alles, was mich damals interessierte. Vor allem damals stellte sich bei mir das Gefühl ein, welches ich auch später nie mehr loswurde, das Gefühl nämlich, einen unendlich alten Vater zu haben. Er war aber nicht alt, er war gerade einmal einundzwanzig Jahre älter als ich. Meine langen Haare verursachten ihm geradezu körperliche Schmerzen, er kämpfte dagegen mit all seiner Autorität, letztlich aber vergebens.

Mit ein wenig Mühe schaffte ich meine Matura. Das stellte meinen Vater vorübergehend zufrieden. Dann passte ihm meine Berufswahl nicht, denn er wollte, dass ich ein Doktor werde. Ich entschied mich immerhin dafür, den elterlichen Gasthof zu übernehmen und weiterzuführen. Er wollte das ursprünglich nicht, er wollte, dass ich „etwas Besseres" werde. Nur sehr zögerlich rauften wir uns wieder zusammen. Erst als wir wieder miteinander auf die Jagd gingen, war der Generationenkonflikt einigermaßen beigelegt.

Irgendwann inmitten der Alltäglichkeiten unseres geschäftigen Lebens bemerkte ich, dass mein Vater immer öfter Erzählungen – meist jagdliche und meist recht ausführliche – nicht zu Ende führte, ins Stocken geriet, scheinbar den Faden verlor und manchmal auch aufstand und die jeweilige Gesellschaft unvermittelt und ohne Erklärung verließ. Ich bemerkte, dass er für Additionen bei diversen Abrechnungen erheblich länger brauchte als gewohnt. Ich bemerkte, dass er beim Versuch etwas aufzuschreiben manchmal sein Schreibgerät ungestüm von sich warf und sich abrupt einer anderen Tätigkeit zuwandte. Ich bemerkte, dass er mir auf einfache Fragen keine vernünftigen Antworten gab. Ich bemerkte, dass er manchmal Vereinbarungen nicht einhielt und Verabredungen vergaß. Ich münzte das alles auf mich, ich dachte anfangs, er würde mich mit einer Art Geringschätzung provozieren wollen. Er

2019

hatte damals noch ein paar öffentliche Ämter, er war Gemeindekassier und Kammerfunktionär. Das nahm er sehr ernst, es sah aus, als wären ihm diese Geschäfte wichtiger als der Hotelbetrieb. Ich ärgerte mich darüber. Doch es war alles ganz anders.

Als der alte Resler starb, da hat alles angefangen. Mein Vater war auf Reisen und besuchte Freunde in Deutschland. Der alte Resler aber war auch ein sehr guter Freund und politischer Weggefährte meines Vaters, daher verständigten wir ihn, und er brach seine Reise ab, um dem Verstorbenen seine Ehre zu erweisen. Am Tag des Begräbnisses kam er kurz nach Mittag am Bahnhof in Trieben an, wo ich ihn bereits erwartete. Es war ein sehr heißer Tag, mein Vater stieg völlig durchgeschwitzt, mit zerzausten Haaren und äußerst nachlässig und schlampig gekleidet aus dem Zug und konnte kaum Zusammenhängendes sagen. Ich brauste mit ihm über den Tauern, um noch rechtzeitig zum Begräbnis vom alten Resler zu kommen. Vor unserem Haus und auf der Straße ins Dorf sammelten sich die ersten Trauergäste, ich brachte meinen Vater noch ins Haus, er zog sich um und meine Mutter bürstete ihm die Haare, dann eilte er auf den Friedhof. Und dort hielt er die letzte Grabrede seines Lebens.

Das, was er bislang unzählige Male mit großer Souveränität gemacht hatte, nämlich die passenden Worte zum Abschied eines Dorfbewohners zu finden, geriet diesmal zum Fiasko. Es gelang ihm kein einziger flüssiger Satz, er stammelte vor sich hin, fabrizierte furchtbar lange Pausen und kam zu keinem sinnvollen Schluss. Er ließ eine ratlose Trauergemeinde zurück. Es gab solche, die meinten, er hätte sich einfach überanstrengt mit der langen Reise und der übermäßigen Hitze, andere meinten, die Emotionen über den plötzlichen Tod seines Freundes hätten ihn überwältigt, und es gab natürlich auch solche, die hämisch tuschelten, er wäre vielleicht betrunken gewesen oder überhaupt nicht ganz bei Sinnen.

Im Herbst desselben Jahres führte er einen Jagdgast auf Rotwild und kam nach dem zweiten oder dritten Abendansitz tatsächlich mit einem passablen Abschusshirsch nach Hause. Willi, ein Jäger aus dem Ruhrgebiet, war überglücklich, er hatte seinen ersten Hirsch erlegt. Mit einer feierlichen Zeremonie sollte der tapfere Schütze nun zum hirschgerechten Jäger geschlagen werden, mein Vater liebte dieses Ritual, welches er bisher stets mit geradezu theatralischen Gesten und großem Brimborium vor den staunenden Augen der Gäste vorgeführt hatte. Diesmal aber gelang es ihm nicht mehr wie sonst, er vergaß Teile seiner dafür nötigen Devotionalien, er stockte in seiner kurzen Ansprache und brachte dann gar den Text seines bereits unzählige Male vorgetragenen Weidmanns-Spruches nicht mehr richtig über die Lippen.

Für mich und die ganze Familie wurde klar, dass es sich hier nicht mehr um eine harmlose Unkonzentriertheit handeln konnte. Dazu waren ihm die Jagd und das gelebte Brauchtum darum herum viel zu wichtig. Was geschah also mit meinem Vater, wie war es möglich, dass der Mann, der gerade einmal zweiundfünfzig Jahre alt war, keine zusammenhängenden Sätze mehr sprechen konnte und an vielen ganz einfachen Tätigkeiten, die bisher für ihn eine Selbstverständlichkeit waren, kläglich scheiterte? Es war einige Zeit noch nicht möglich, offen darüber zu reden. Niemand wagte auszusprechen, was aber doch immer deutlicher sichtbar wurde, der Mann war krank! Niemand hatte einen Namen für diese merkwürdige, noch nie gesehene Krankheit, auch ein zu Rate gezogener praktischer Arzt konnte oder wollte uns keine Auskunft darüber geben. Keine äußeren Zeichen waren zu erkennen, keine körperlichen Schmerzen quälten den gestandenen Mann, nichts änderte sich zunächst an der Lebensweise meines Vaters, dessen Körper kräftig und belastbar war, der nicht rauchte und nur sehr mäßig Alkohol trank.

In seinem Kopf aber müssen zu dieser Zeit Gewitter niedergegangen und Brände ausgebrochen sein, die wir uns alle im

Entferntesten nicht vorstellen konnten. Auch er konnte selbstverständlich nicht darüber sprechen. Ich glaube, dass er gekämpft hat wie ein Berserker, aber ich habe die Signale nicht verstanden. Das Verstehen dauerte so unfassbar lange, immer habe ich zuerst Niederträchtigkeit, Verschlagenheit, Hinterhältigkeit vermutet, habe alles feindselig auf mich bezogen, anstatt den verzweifelten Kampf des armen Ritters gegen die Windmühlen, die niemand sonst sehen konnte, zu erkennen.

Wir gingen zu einem Arzt und danach zu einem zweiten Arzt und zu einem dritten. Wir erhofften uns Aufklärung und erhielten keine Auskünfte, nur Beschwichtigungen, wir wollten Erklärungen und stießen auf vage und namenlose Vermutungen. Wir brachten ihn ins Krankenhaus, baten um umfassende Untersuchungen und erhielten nach langer und zermürbender Hinhaltung schließlich die Diagnose „Alzheimer Krankheit", von der ich bis dahin noch nie etwas gehört hatte.

Im Anschluss an den Krankenhausaufenthalt machte mein Vater eine dreiwöchige Kur in Baden bei Wien. Dort erholte er sich körperlich prächtig, seine Sprachfähigkeit war bereits erheblich eingeschränkt, aber zur Verständigung reichte es noch. Als wir ihn am Ende abholten, mussten wir noch einen Abstecher nach Bad Vöslau machen, dort hatte er bei einem Heurigen einen ganzen Kofferraum voll Wein bestellt. Wieder sah es aus, als wollte er mir einen Streich spielen, darauf angesprochen antwortete er mit einem unbeholfenen und linkischen Grinsen. Und ich fürchte, ich verstand wieder nicht, hörte abermals nicht das leise Winseln meines verzweifelten Vaters.

Vielleicht war es so: Mein Vater wollte sein wie immer, aber er bemerkte eines Tages, dass fast alles, was er anfing, nicht fertig zu kriegen war. Die Sätze, die er begann, blieben irgendwann stecken, die Tätigkeiten, die er sich vornahm, glitten aus seinen Händen, und er wusste ebenso wenig wie wir, warum das so war. Sein ihm eigener Starrsinn und sein Stolz machten es ihm unmöglich, um Hilfe zu bitten. Aber seine Fehlleistungen entgingen ihm nicht, vielleicht war er selbst sich ihrer bewusst und dachte, das ginge wieder vorüber. So stellte er sich der vorgenommenen Aufgabe immer wieder, in der Annahme, beim nächsten Mal würde es wieder gelingen. Vielleicht dachte er, wir würden es gar nicht bemerken. Oder vielleicht konnte er sein Bitten um Hilfe nur nicht in Worte fassen und blickte uns an mit seinen immer glasiger werdenden, flehenden Augen, stotterte und schluchzte zuweilen vor sich hin und verstand nicht, warum wir nicht verstanden.

In einer viel späteren Phase seines Leidensweges, in der er seine Sprachfähigkeit bereits vollkommen verloren hatte, aber körperlich noch gesund war, passierte dieses: Ein mit unserer Familie entfernt verwandter Arzt aus Wien war zu Besuch bei uns, hörte sich die Geschichte aufmerksam an und nahm meinen Vater dann zur Seite, um ihm seine Hilfe anzubieten. Er solle einmal nach Wien kommen, er, der Arzt, sei sich ziemlich sicher, dass nur ein Schalter im Kopf meines Vaters umgelegt werden müsse, und der Spuk wäre vorbei. Wir hatten zu diesem Zeitpunkt schon sehr viele fachliche und auch weniger fachliche Ratschläge über uns ergehen lassen müssen, eine seriöse Heilungschance bestand damals jedenfalls nicht, wohl aber hätten wir sündteure Behandlungen und Kuren für unseren Patienten buchen können, die aber unsere finanziellen Möglichkeiten bei Weitem überfordert hätten. Und dann kommt einer, der sagt, es müsse nur ein Schalter umgelegt werden!

Niemand von uns hat meinen Cousin dritten Grades damals ernst genommen – außer mein Vater! Zu diesem Zeitpunkt hat er wie schon erwähnt kein einziges Wort mehr gesprochen und sich eigentlich längst in seinem Exil befunden, wenn auch nicht im selbst gewählten. Eines Tages suchten wir ihn in seinem ge

wohnten Aufenthaltsraum vergeblich und stellten fest, dass niemand von uns ihn in den letzten drei bis vier Stunden gesehen hatte. Dabei war das damals nichts Außergewöhnliches. Mein Vater machte sich öfter einmal in einem unbeobachteten Moment auf die Beine und ging dann die Straße entlang, bis ihn jemand erkannte, uns verständigte und ich ihn dann per Auto wieder heimholte. Diesmal allerdings suchte ich die Straße bis nach Judenburg ab und konnte ihn nicht finden. Wir bekamen auch keine Nachricht von irgendjemandem. Alarm! Vermisstenanzeige! Polizei! Ein leiser Verdacht veranlasste mich, am Bahnhof in Judenburg anzurufen. „War heute ein Mann hier, der ..."
„Ja, der war hier."

Es stellte sich heraus, dass mein Vater mit dem Postbus zum Bahnhof gelangt war, dort einen Zettel mit der Aufschrift „Wien" samt Geld vorgelegt und anstandslos eine Fahrkarte nach Wien erhalten hatte. Der Doktor in Wien fiel uns ein. Ich rief an. Am anderen Ende der Leitung lief ein Tonband, das darüber informierte, dass der Doktor zurzeit auf Urlaub wäre. Panik! Was sollten wir tun? Es folgte eine Nacht ohne Schlaf. Die Polizei in Wien zeigte zwar Verständnis für unsere Lage, doch helfen konnte sie uns nicht. Ich überlegte, nach Wien zu fahren, aber wo um alles in der Welt hätte ich denn meinen Vater suchen sollen?

Am Nachmittag des nächsten Tages riefen Freunde aus Wien an: „Euer Vater ist bei uns hier in der Wohnung, was sollen wir tun?" Wir rekonstruierten die Odyssee. Das Hilfsversprechen des Herrn Doktor hatte offenbar das Bewusstsein meines Vaters erreicht und führte zu einer Entscheidung, die ihm niemand mehr zugetraut hatte. Er wollte nach Wien und sich vom Doktor helfen lassen. Bis zum Südbahnhof schien alles glatt gegangen zu sein. Dann setzte er sich wahrscheinlich in ein Taxi, zeigte dem Fahrer die Visitenkarte des Arztes und ließ sich an dieser Adresse absetzen. Geld für die Taxifahrt hatte er genug. Dann erreichte er den Eingang zur Praxis, doch die Tür war verschlossen. „Wegen

Urlaub keine Praxis." Was dann geschah, wissen wir nicht. Wo und ob er überhaupt geschlafen hat, ob er etwas gegessen oder getrunken hat, all das wissen wir nicht.

Am nächsten Tag fiel einem Ehepaar auf ihrem Nachmittagsspaziergang am Rande eines Maisfeldes im Raum Deutsch-Wagram ein offenbar orientierungsloser Mann auf. Sie sprachen ihn an und bekamen die mit allerlei Zetteln und Karten prall gefüllte Brieftasche des Mannes entgegengestreckt, fanden darin die Visitenkarte des erwähnten befreundeten Ehepaares aus Wien und riefen dieses kurzerhand an. Die beiden Freunde dürften wohl einigermaßen überrascht gewesen sein, erfassten die Situation aber sehr schnell und holten den vollkommen erschöpften Vater zu sich in ihre Wohnung. Als ich am Abend dort eintraf, um ihn wieder nach Hause zu holen, war er bereits gewaschen und frisch gekleidet und hatte gegessen und getrunken. Was alles passieren hätte können, wollten wir uns allesamt gar nicht ausmalen, wir hatten sehr viel Glück. Und mein Vater sprach kein einziges Wort mehr, er blickte uns nur an aus seinen trüben und scheuen Augen, die obendrein meist gefüllt waren mit Tränen voller Verzweiflung. Sie kullerten nicht über seine Wangen, er weinte sie in sich hinein. Dass er den Versuch unternehmen konnte, Hilfe für sich zu suchen, war ein klarer Beweis dafür, dass sein Gehirn beileibe noch nicht völlig zerstört war, er konnte offenbar noch in Zusammenhängen denken und musste sich folglich seiner zunehmenden Hinfälligkeit bewusst sein, aber er konnte nichts dazu sagen und nichts dagegen tun.

Zwei oder drei Jahre zuvor, zu einer Zeit, in der mein Vater zumindest noch einzelne Wörter über seine Lippen gebracht hatte, war Folgendes geschehen: Von seiner Krankheit bereits gezeichnet, aber noch immer fest entschlossen, seinen für ihn so wichtigen Verpflichtungen nachzukommen, kam er eines Abends mit dem alten Jeep von einer Sitzung aus Graz zurück, fiel durch seine ungelenke Fahrweise einer Polizeistreife auf und wurde angehalten. Die Polizeibeamten mussten auf den ersten Blick denken, der Mann wäre schwer betrunken, mein Vater war zu allem Überfluss auch hundemüde und konnte nichts Verständliches von sich geben. Sie nahmen ihn mit auf den Posten, dort kannte ihn aber einer der Beamten und verständigte mich telefonisch. Sie waren sehr gütig, die Polizisten, die damals noch Gendarmen hießen. Sie verhängten keine Strafe über meinen Vater und auch nicht über mich, sondern übergaben den völlig verstörten und am ganzen Körper schlotternden Mann in meine Obhut, ich möge mit ihm nach Hause fahren und in weiterer Folge tunlichst darauf achten, dass er kein Automobil mehr in Betrieb nehme.

Nach einigen Tagen kam der Brief von der Behörde, in dem stand sinngemäß, dass der begründete Verdacht bestünde, dass die Voraussetzungen für eine Lenkerberechtigung nicht mehr gegeben wären und ein ärztliches Attest beizubringen wäre usw. usw. Wir ließen also auch einen Psychiater feststellen, was wir inzwischen bereits wussten und übergaben die Diagnose zusammen mit dem Führerschein meines Vaters dem zuständigen Amt. Ende der Lenkerberechtigung, kein Autofahren mehr! Es war nicht einfach, das auch durchzuhalten. Denn mein Vater nahm das zunächst natürlich nicht zur Kenntnis, und es gelang ihm einige Male, den Schlüssel für den Jeep zu finden und damit etwa nach Judenburg zum Friseur zu fahren oder zum Arzt nach Möderbrugg, der ihm jedes Mal irgendwelche Medikamente mit ziemlich bedeutungsloser Wirkung gab, um ihn sich vom Leib zu halten, denn auch er konnte ihm nicht helfen. Es blieb also nichts anderes übrig, wir mussten die Autoschlüssel an für ihn unerreichbaren Plätzen verstecken, auf diese Weise konnten wir dieses Problem lösen.

Ein um sehr viel sensibleres Problem aber war die Jagd. Mein Onkel Harald, der damals seinerseits gerade dabei war, seiner über

Jahre hinweg im höchsten Maße selbstzerstörerischen Alkoholsucht zu entkommen, um langsam wieder zu einem halbwegs vollen Mitglied der Gesellschaft zu werden, übernahm allerlei jagdliche Aufgaben in unserem Revier, für die ich zu wenig Zeit hatte. Mit meinem Vater war nicht mehr zu rechnen, gleichwohl entwischte er aber immer wieder und ging auf die Jagd, mit seiner grotesken Selbstverständlichkeit. Und er trug dabei natürlich eine seiner Waffen, wie anders sollte man sonst auf die Jagd gehen. Harald also begann in seiner ihm eigenen Art herumzunörgeln, dass er das mit Vaters Pirschgängen gar nicht gut fände, denn er habe schon mehrmals einen oder auch mehrere Schüsse im Revier gehört, ohne dass der Vater ein Stück Wild nach Hause gebracht hätte. Der Verdacht lag also nahe, dass er Wild beschoss, es aber dann nicht fand oder vielleicht gar nicht suchte. Ich muss gestehen, dass ich meinem Onkel damals nicht gleich geglaubt habe. Ich dachte, er hätte eigentlich keine Berechtigung gehabt, meinen Vater zu diskreditieren, denn er stand sehr tief in seiner Schuld. Mein Vater hatte ihn schließlich nicht nur einmal aus seinen unzähligen Schlamasseln herausgeholt, früher, als er noch gesund und Harald ein hoffnungsloser Säufer war. Doch ich tat ihm Unrecht, ich habe es dann selbst einmal erlebt, als ich in der Nähe meines Vaters auf Ansitz saß und plötzlich ein Schuss fiel. Ich eilte zu seinem Hochsitz und fragte, was er beschossen hätte, doch er leugnete, überhaupt geschossen zu haben. Harald hatte Recht.

Ein paar Wochen nach dem Entzug des Führerscheines stolperte ein Mitarbeiter der Bezirksbehörde über die Tatsache, dass mein Vater ja auch im Besitz eines Jagdscheines war. Und jemand, dem man wegen geistiger Beeinträchtigung das Lenken eines Automobils verbieten musste, dürfe ja wohl auch keine Jagdwaffe mehr führen, folgerte der aufmerksame Mann. Ein entsprechendes Schreiben traf kurze Zeit später bei uns ein. Ich sprach bei der Behörde vor und erörterte mit einem durchaus verständnisvollen

Beamten die Situation. Ich wollte ein wenig Zeit gewinnen, denn, so argumentierte ich, die Jagd wäre das Letzte, was meinem Vater noch geblieben wäre, er wäre ja stets ein überaus verantwortungsvoller Jäger gewesen und man möge ihm doch zubilligen, wenigstens in sein geliebtes Revier gehen zu dürfen. In Wahrheit konnte ich mir überhaupt nicht vorstellen, wie man meinem Vater erklären sollte, dass er nicht mehr auf die Jagd gehen dürfe. Und in Wahrheit wusste ich auch, dass ich keinesfalls für ihn bürgen hätte können, ich hätte nicht ernsthaft sagen können, dass keine Gefahr bestünde. Es bestand Gefahr, für Mensch und Tier, und natürlich auch für ihn selbst!

Es gab keinen Ausweg und auch keinen Aufschub. An einem lauen und sonnigen herbstlichen Nachmittag, an dem wenig Betrieb war im Gasthaus, schlug ich meinem Vater wieder einmal vor, mit mir auf die Pirsch zu gehen. Als er herunterkam in unsere Kanzlei, wo wir auch die Jagdwaffen aufbewahrten, und er sich wie gewöhnlich ein Gewehr aus dem Schrank nehmen wollte, stellte ich mich in den Weg und versuchte das Unmögliche, meine Mutter und meine Ehefrau standen dabei und kämpften gegen ihre Tränen. „Papa, ich muss dir heute etwas sagen. Du kannst natürlich weiterhin auf die Jagd gehen, wann immer du möchtest, aber du darfst in Hinkunft kein Gewehr mehr mitnehmen, deine Krankheit ist schon so weit fortgeschritten, dass du dich selbst und auch andere mit einer Waffe gefährden könntest, die Behörde hat das so entschieden und wir schließen uns dieser Meinung an. Ich werde dich aber weiterhin mitnehmen, wann immer du willst. Und du kannst dich ansetzen, wo du möchtest und mir dann erzählen, ob du Anblick gehabt hast."

Wir alle wussten, was diese Mitteilung für meinen Vater bedeutete, er verstand sie sehr genau und reagierte so, wie ein passionierter Jäger eben reagieren konnte. Zornesröte und erbarmungswürdige Verzweiflung schossen ihm ins Gesicht.

Selbstverständlich versuchte er, sich mit Gewalt Zugang zum Waffenschrank zu verschaffen, fuchtelte in allerhöchster Erregung mit Händen und Füßen gegen mich und stammelte aufgeregt und zugleich resignierend, in tiefe Traurigkeit verfallend, schwer verständliche Wortungeheuer, aus denen wir gerade so viel entnehmen konnten wie: „Dann erschieße ich mich!" – „Dann bringe ich mich um!" Es überraschte mich nicht. In dieser Stunde geschah zweierlei. Einmal wurde dem gestandenen Jäger verboten, ein Gewehr mit auf die Jagd zu nehmen, das ist absurd, das zerschmettert das Selbstverständnis eines Jägers in seinen Grundfesten, jeder Jäger versteht das. Und dann geschah etwas, was in gesunden Zeiten vollkommen unvorstellbar gewesen wäre. Denn bei allen Konflikten und Zwistigkeiten, die mich und meinen Vater über all die Jahre beschäftigten, bestand doch stets das unantastbare Autoritätsverhältnis, das meinen Vater eben zu meinem Vater machte. Und in dieser Stunde kehrte sich dieses Verhältnis unwiderruflich um, der Sohn übernahm die Autorität über seinen Vater. Er musste sie übernehmen, von Amts wegen sozusagen. Es gab für mich keinen emotionaleren Moment als diesen im Umgang mit meinem Vater.

Wir hatten große Mühe, Vater zu beruhigen, wir versuchten zu erklären, was nicht zu erklären war, wir appellierten an eine Vernunft, die es nicht geben konnte. Wir wussten das, wir kämpften letztlich gegen unsere eigene Ohnmacht und hielten Vater davon ab, eine Waffe aus dem Schrank zu nehmen, eine *seiner* Waffen aus *seinem* Waffenschrank! Schließlich gab er auf. Er weinte. Und schlurfte hinauf über die Treppe in den ersten Stock. Zog sich sein Jagdgewand vom Leib und schmiss es in eine Ecke seines Schlafzimmers. Er aß nichts mehr und trank nichts mehr an diesem Tag. Er saß in seinem Sessel und schluchzte und blickte ins Leere, ins unendlich Leere, es war so elend und wir konnten nicht helfen.

Ich habe meinen Vater in den folgenden Wochen noch mehrmals aufgefordert, mit mir auf die Jagd zu gehen. Jedes Mal stieg ihm die Zornesröte ins Gesicht und heftige Worte stammelnd lehnte er es ab. Wie sollte denn auch ein Jäger ohne Gewehr auf die Jagd gehen? Nie mehr in seinem Leben von diesem Tage an zog er sich seine Jägersachen an, nie mehr ließ er sich dazu überreden, mit ins Revier zu gehen. Nie mehr von diesem Tage an schien ihn irgendetwas zu interessieren, was mit seiner so geliebten Jagd etwas zu tun hatte. Es war der Tag, an dem er sich endgültig in sein Exil begab. Seine Sprachfähigkeit, die bereits dramatisch eingeschränkt war, ging in der Folge vollständig verloren, bald gab es nichts mehr, an dem er irgendwie teilhaben konnte, er verfiel in andauernde geistige Finsternis, aus der es keinen Weg mehr zurück gab.

Meiner Mutter, die weiß Gott viele Lasten in ihrem Leben geschultert hat, fiel nun auch noch die Last eines zunehmend pflegebedürftigen Ehemannes zu. Das hat sie nicht mehr geschafft. Sie zerbrach daran. Eines Tages fiel sie um und war tot. Die Traurigkeit, die uns damals unsere Herzen zuschnürte, kann man sich gar nicht vorstellen. Und die Pflege meines Vaters fiel meiner Ehefrau zu. Sie konnte es, sie brachte die nötige Kraft dafür auf, und es ist eine ganze Menge Kraft dazu nötig, neben beruflicher Anspannung und Sorge um die Kinder einen dementen Mann zu pflegen.

Mein Vater starb in Würde, wenn ihm auch seine Seele schon Jahre vorher vorausgegangen war.

Aus unserem Programm

ISBN 978-3-7020-1753-8

Leopold Stocker Verlag
Graz – Stuttgart